L'orthographe : guide pratique de la réforme

Du même auteur

Les mots nouveaux en hébreu moderne
Paris, Presses orientalistes de France, 1976

Langue et idéologie
Paris, Éditions du CNRS, 1983

L'appel du silence :
la mystique du prophète Élie
Paris, Éditions du Cerf
(sous presse)

Michel Masson

L'orthographe : guide pratique de la réforme

Préface de Jean-Claude Barbarant

Éditions du Seuil

EN COUVERTURE : Dessin de Folon. Extrait de
La Lettre et l'Image de Massin.
Droits réservés.

ISBN 2-02-013394-6

A mon arrière-grand-père
et à mon grand-père
instituteurs

Préface

Le tumulte, et soudain le silence. Qu'est-il advenu de la réforme de l'orthographe contre laquelle, au tournant de l'année, bataillaient à feux nourris des folliculaires enfiévrés sans voir l'indécence de leur vindicte quand s'allumait la guerre du Golfe ? Une guerre aurait-elle éteint l'autre ? Est-ce un armistice ou une paix armée dans la guerre de cent ans que livrent ceux qui veulent figer l'orthographe officielle en son état de 1878, au mépris des réalités pratiques, à ceux qui veulent la faire vivre au rythme de la langue ? Pour me ranger parmi ces derniers, je n'entends pas mourir pour un trait d'union. Et je me réjouis que Michel Masson prenne l'orthographe moins au tragique et plus au sérieux.

Tranquillement, ayant choisi l'optimisme, Michel Masson interprète le silence persistant qui a suivi la gesticulation médiatique et fait « le point sur la réforme ». Il observe que le Conseil supérieur de la langue française approuvé par l'Académie française a formulé des recommandations, qu'elles sont publiées au Journal officiel, *qu'il convient désormais que s'y réfèrent les travailleurs du livre, les auteurs de dictionnaires, les enseignants. On peut leur suggérer d'enseigner en priorité ce que recommande l'Académie et, secondairement, de signaler ce qu'elle tolère.*

Pourtant, les choses n'iront pas simplement si aucune note ministérielle n'est diffusée dans l'Éducation nationale, si aucune promotion ni même information n'est faite en direction des professionnels de l'écriture et du grand public. Michel Masson le sait ; c'est pourquoi il a écrit son livre, qui est un remarquable instrument pédagogique, en forme d'arguments-réponses et qui se conclut par une explication limpide et synthétique des principes directeurs et du contenu des recommandations parues dans le rapport du Conseil supérieur de la langue française.

Loin des fantasmes, des extravagances, des calomnies, du tintamarre qui caractérisent les faux débats sur l'orthographe, voilà un ouvrage sérieux, simple, accessible, qui remplit avec beaucoup de pertinence la fonction que son auteur lui assigne. C'est un livre nécessaire. Il faut lui souhaiter une large audience. Ma solidarité active l'accompagne.

Jean-Claude Barbarant
secrétaire général du SNI-PEGC
10 avril 1991.

Avant-propos

La réforme de l'orthographe a fait beaucoup de bruit récemment. Trop de bruit. Et l'on a dit trop de contrevérités. On a même été jusqu'à prétendre que les dernières recommandations orthographiques proposées à la francophonie[1] avaient été enterrées !

Ces inexactitudes ont été répandues non par malveillance ni par sottise, mais presque toujours par manque d'information. Très souvent des gens se sont enflammés sans même avoir lu le texte de ces recommandations ni ce que l'Académie avait déclaré à leur sujet[2]. En outre, on a pu constater lors des débats que de nombreuses personnes, et non des moindres, s'exprimaient en adultes mais pensaient en enfants, car, n'ayant guère eu à réfléchir à la question depuis l'époque où elles avaient découvert l'orthographe, elles se bornaient à faire état des impressions et des réflexions qu'elle suscitait en eux vers l'âge de huit

1. Voir le document administratif n° 100 du *Journal officiel*, 6 décembre 1990.
2. Voir p. 162.

ans. Cette juvénilité aurait paru charmante si elle n'avait été souvent si péremptoire.

Il convient donc de remettre, comme on dit, les pendules à l'heure, c'est le but de ce petit livre. On y montrera ce qui peut désormais changer – ou ne pas changer – dans l'orthographe, mais on essaiera aussi d'expliquer le pourquoi et le comment de l'affaire, et de répondre à certaines des objections les plus fréquentes[1]. Pour faciliter la lecture, il a paru commode de présenter l'ouvrage sous forme de questions /réponses groupées par thèmes. Cependant, le texte obéit à une progression, et il est préférable de lire les paragraphes dans l'ordre.

1. Cet ouvrage ne prétend pas être un travail universitaire. On trouvera des informations et des réflexions plus amples, en particulier dans les ouvrages de Nina Catach (voir bibliographie).

I

Une réforme pour quoi faire ?

1

Pourquoi voulez-vous toucher à l'orthographe ?

Parce qu'elle cause beaucoup de souci à beaucoup de gens.

En effet, elle est très difficile. Si difficile qu'il nous faut des années pour l'apprendre. Même au niveau du bac, les copies sont truffées de fautes. Et que dire des copies de brevet ! C'est seulement au niveau de la licence que l'orthographe parait bien maitrisée – et encore !

Trois conséquences :

D'abord, cet apprentissage suppose de la peine. Pour ceux qui apprennent, bien sûr, mais aussi pour ceux qui enseignent. Et pour ceux qui apprennent, la peine est encore augmentée si, comme à Haïti ou en Afrique, la langue parlée usuelle n'est pas le français.

Cet apprentissage suppose aussi du temps. Et qui

dit temps dit argent, car les heures d'apprentissage se paient.

Mais qui dit temps dit aussi choix : les heures passées à apprendre *bijoux, cailloux*, etc., pourraient être consacrées à des occupations peut-être plus utiles et plus formatrices.

Ensuite, étant donné que l'orthographe est enseignée, elle est notée et donc valorisée : si on l'applique, on est dans le bien, sinon on fait une faute, des fautes, avec à la clé la réprimande, le rire et surtout la pénalisation – la mauvaise note au devoir ou à l'examen, le rejet du dossier lors d'une demande d'emploi.

Cette valorisation est inévitable, mais, comme l'orthographe est très difficile, elle nous met dans un état d'insécurité permanent.

Combien de fois nous est-il arrivé de « tourner autrement » parce que nous ne savions plus s'il fallait mettre deux *l* ou deux *t* ! Combien de fois sommes-nous obligés de vérifier dans le dictionnaire !

Combien d'enfants sont-ils dégoutés de s'exprimer par écrit ! Combien de gens sont-ils paralysés lorsqu'ils doivent écrire une lettre !

Enfin, il faut tenir compte aussi de ce qu'on pourrait appeler l'« effet aggravant » de l'orthographe. Ce n'est pas la difficulté de l'orthographe qui fait que nous sommes dyslexiques ou aveugles, mais elle complique encore davantage la vie des dyslexiques ou des aveugles. De même, il serait exagéré d'en faire un problème social et de dire qu'il existe une orthographe de riches et une orthographe de pauvres ; mais ce qui est sûr, c'est qu'un PDG peut se permettre d'être mauvais en orthographe parce que sa secrétaire corrigera ses fautes, tandis qu'un chômeur mauvais en orthographe risque, lui, d'être encore un peu plus enfoncé.

N'exagérons rien, tous ces ennuis ne font pas une tragédie. Mais ils existent. Et nous n'avons aucune raison de les minimiser. Surtout si nous n'en souffrons pas : le devoir de solidarité nous oblige à nous demander s'il est inévitable qu'ils existent, si rien ne peut être fait, et à nous dire : En somme, l'orthographe, est-ce que ça vaut le coup ? Est-ce que ça vaut le cout ?

Lorsqu'on sait que, dès l'âge de sept ou huit ans, les Italiens (par exemple) connaissent tout de l'orthographe de leur langue, la question est légitime. Après tout, nous ne sommes peut-être pas plus bêtes que les Italiens. Et si c'était notre orthographe qui était bête – ou, plutôt, malade ? On en vient alors à se dire qu'au lieu d'adapter les gens à l'orthographe c'est peut-être l'orthographe qu'il vaudrait mieux adapter aux gens.

2

Mais on croit rêver ! A ce compte-là, il faudrait réformer la botanique pour qu'elle soit plus facile à apprendre ! Et simplifier la géographie, l'histoire et les mathématiques !

Absolument pas. Tout simplement parce que l'orthographe n'a rien de commun avec toutes ces sciences.

En effet, la botanique, comme la géographie, l'histoire, etc., est une réflexion sur la réalité ; son étude et son enseignement sont commandés par la nature de cette réalité, et l'on ne peut pas, bien entendu, simplifier cette réalité pour en simplifier l'enseignement.

Au contraire, qu'est-ce que l'orthographe ? C'est la forme que prend l'écriture dans notre langue. L'écriture, c'est-à-dire une *invention*. Et une invention, c'est un moyen trouvé par les hommes pour améliorer leur vie et qui, par conséquent, peut à tout moment être remis en question, remanié, ajusté par les hommes. Or, l'écriture est une invention merveilleuse – sans doute la plus importante de l'humanité – et c'est pour cela qu'on l'enseigne, mais, dans le cas du français, contrairement à ce qui se passe pour l'italien, cette invention pose des problèmes à quantité d'usagers. Alors, pourquoi ne pas essayer de la rendre plus efficace ? La roue est aussi une belle invention, mais avec un pneu autour c'est plus confortable ; et, avec une chambre à air dans le pneu, c'est encore mieux. Pourquoi s'en priver ? Et pourquoi ne pas faire de même avec l'écriture ? Car l'écriture est faite pour l'homme et non l'homme pour l'écriture.

3

En manipulant l'orthographe, on va porter atteinte à la langue française...

C'est une des craintes le plus fréquemment exprimées. Souvent elle est assortie de tirades enflammées, parfois talentueuses. Toute cette émotion inspire le respect, puisqu'elle est nourrie par l'amour de notre langue, mais elle tombe à plat pour la simple raison que la langue est une chose, et l'écriture en est une autre. Vous pouvez modifier l'une sans modifier l'autre et inversement.

En effet, en gros, la langue est un système complexe formé de mots qu'on prononce et qu'on dispose d'une certaine façon. Mais les paroles s'envolent et elles continueraient de s'envoler si l'invention de l'écriture ne permettait de mettre les mots en conserve au moyen de signes. Ce qui peut être dit avec des mots peut donc être écrit, et ce qui est écrit renvoie à des mots qui ont une prononciation et qui s'agencent en fonction d'autres mots.

Or, les signes de l'écriture sont conventionnels. On peut donc les modifier – par exemple en utilisant l'alphabet gothique à la place de l'alphabet ordinaire ou en introduisant des abréviations comme *vs* pour *vous* ou *ds* pour *dans*, ou encore des hiéroglyphes comme *§* pour *paragraphe* ou même ♥ dans « je t'♥ ». Si la modification met en cause la prononciation ou l'agencement des mots – alors on risque de changer la langue. Sinon, la langue demeure intacte. Ainsi, quelqu'un qui, au lieu de dire *walkman* propose de dire *baladeur* – à tort ou à raison – change la langue parce qu'un mot est substitué à un autre. En introduisant le mot *oléoduc* à la place de *pipeline*, on a de même changé la langue. Il en serait de même si, au lieu d'écrire *quarante*, on écrivait *quaranze* ; au contraire, on ne change rien ni à la prononciation ni au sens si l'on écrit *carante, carranthe* ou *40*. La langue reste intacte.

C'est bien ce que prouve, s'il en était encore besoin, l'usage de la sténo : non seulement on change d'alphabet, non seulement on utilise des abréviations, mais on n'écrit pas toutes les voyelles et l'on simplifie l'orthographe comme jamais réformateur n'oserait la simplifier, et pourtant personne n'y trouve à redire parce que ce qu'on note n'altère ni le message ni le français.

Tout ceci signifie que, moyennant certaines précautions, on peut modifier la forme écrite d'une langue sans nécessairement porter atteinte à cette langue.

4

Alor sé le fransé fonétik ?

Non et non !

Une orthographe purement phonétique est *peut-être* théoriquement possible – et je souligne *peut-être* parce qu'il n'est même pas certain que ce soit viable.

Mais on ne fait pas une réforme pour faire une réforme : si l'on souhaite aménager l'orthographe, c'est pour faciliter la vie des gens. Il est donc inutile de toucher à ce qui ne pose pas de problèmes.

Or, d'où vient la difficulté de notre orthographe ? C'est qu'on ne s'y retrouve pas – ou, plutôt, pas toujours. Si, pour les usagers, et en particulier les enfants, tout s'expliquait clairement et toujours, le problème de l'orthographe serait sans doute en grande partie résolu.

Tout n'est pas absurde dans notre orthographe. Loin de là ! Très souvent, on peut lui donner une justification parce qu'elle permet :

– soit d'éviter des ambiguïtés ; ex. :

verre	*ver*	*vers*	*vair*
tant	*taon*	*temps*	
teint	*tint*	*thym*	

– soit d'indiquer l'appartenance à une famille de mots ; ex. : le *-d* de grand ne se prononce pas, mais trouve un écho dans *grande, grandir, grandeur* ;

– soit de marquer une fonction grammaticale ; ex. : *parler* (infinitif)/*parlé* (participe), *parlez* (vous) ou encore : il *chante*/ils *chantent* ;

– soit de signaler l'origine du mot : ainsi, *tranquille* a deux *l* parce qu'il vient du latin *tranquillus*, et *facile* n'en a qu'un parce qu'il vient du latin *facilis*.

Dans tous les cas, on dispose de repères : il suffit, comme on dit, de réfléchir.

Mais, à côté de cette cohérence, il existe un résidu d'incohérences du type :

chariot / charrue
chatte / rate
hiboux / coucous,
imbécile / imbécillité
rationnel / rationalité
confidentiel / circonstanciel
consonne / consonance
théâtre / psychiatre
pôle / zone
*fou, folle, affoler / mou, molle, amolli*r
etc.

pour lesquelles on ne peut fournir d'explications : c'est comme ça parce que c'est comme ça. Et c'est ce résidu – environ 15 % – qui fausse tout le jeu parce qu'il introduit dans le système un facteur d'imprévisibilité. C'est la goutte de vinaigre qui fait tourner le verre de lait : on n'est jamais sûr que la cohérence fonctionne ou non. Autrement dit, l'orthographe triche. Le maitre triche. On comprend que certains enfants soient déboussolés...

Eh bien, c'est précisément ce résidu d'incohérences qui pourrait faire l'objet d'un ajustement[1]. Il s'agirait donc d'une réforme modérée ou, plus précisément, au sens propre du mot, mesurée, rendant sa dignité à l'orthographe. Nous sommes bien loin du phonétisme.

1. Pour le problème de l'étymologie, voir p. 52 s.

5

x = nul

Il serait simple d'apprendre que le pluriel des noms se forme toujours en ajoutant un *-s*. Mais pourquoi faire simple quand on peut faire compliqué ?

A côté de nos pluriels en *-s*, nous nous sommes donc inventé des pluriels en *-x* pour les mots terminés en *-u*, sauf *émeu, landau, sarrau* et *pneu*, et les mots terminés en *-ou*, sauf *bijou, caillou*, etc.

La raison de cette histoire de fou ?

A l'origine, tout est clair : c'est *-s* et non *-x* qu'on utilise, conformément à la prononciation et à l'étymologie; on écrit donc : des *maus*, des *chevaus*. Puis, au XIIe siècle, certains scribes prennent l'habitude de noter *-x* la terminaison *-us* – donc *max* pour *maus*; ils sont progressivement suivis, mais, à côté de *maus* et *max*, on voit apparaitre *maux* et *maulx*[1] ; dans le plus grand désordre – ce qui n'était pas bien grave, car, à l'époque, cela ne touchait qu'un tout petit monde. Et, dans tout ce fatras, que croyez-vous que l'on choisit ? La forme la plus conforme à la raison, à la prononciation, à l'étymologie, celle en *-s* ? Vous rêvez, voyons ! Quand on peut faire compliqué...

Et voilà comment il parait urgent en l'an 2000 de soumettre 100 millions de francophones aux manies d'une poignée de scribes du XIIIe siècle.

Alors, s'il faut appliquer, appliquons ! Mais qu'on ne nous demande pas de prendre toutes ces balivernes au sérieux.

1. La prononciation étant la même, c'est-à-dire, à l'époque, à peu près *maoss*. Pour tous ces problèmes, voir Charles Beaulieux, *Histoire de l'orthographe*, Paris, 1927, t. I, p. 78 *sq*.

6

Mais alors, ce sont les extrémistes phonétistes qui vont vous attaquer ! Joli spectacle ! Que les partisans de la réforme s'entendent d'abord !

Mais nous nous entendons tous très bien. Non seulement parce que nous avons des motivations communes, mais parce que nous sommes réalistes. Le tumulte hystérique déclenché par une réformette aussi menue que celle qui a été proposée en 1990 est édifiant : on a même été jusqu'à nous vouer à la « guillotine morale », et il a été question de nous arracher la langue ! On peut donc aisément imaginer que toute réforme plus vaste susciterait un ouragan qui ne manquerait pas de la balayer. Quel que soit le programme que l'on espère un jour voir appliqué, il est donc impératif de le fragmenter et de ne proposer qu'un projet très limité et, bien entendu, choisi parmi les priorités définies dans le paragraphe précédent – c'est-à-dire celles qui portent sur les incohérences –, car tout le monde peut facilement s'accorder sur ce point.

Et alors, rêvons : si ce projet est adopté, rien

n'interdit d'essayer plus tard d'en faire passer un autre – tout aussi limité – et ainsi de suite jusqu'à l'élimination de toutes les incohérences... C'est alors et alors seulement – après combien de décennies, combien de siècles ! – que pourrait éclater une querelle entre extrémistes et modérés. Mais nous rêvions...

7

Dans le récent débat sur l'orthographe, les réformateurs ont clairement annoncé qu'ils s'en tenaient à une ligne modérée. Que faut-il penser des journalistes qui ont fabriqué des textes dans une orthographe outrageusement phonétique pour faire croire que c'était là celle que préconisaient les réformateurs ?

Qu'ils savent (peut-être) l'orthographe, mais qu'ils ne savent pas lire.

A moins que...

A moins que... ?

... qu'ils ne veuillent rééditer le coup véreux du duc d'Aumale. En 1893, l'Académie française s'employait à aménager une réforme de l'orthographe. C'était une réforme mesurée dans le droit-fil de sa tradition. Elle n'était pas du gout de tous et en particulier du duc d'Aumale, qui eut l'idée de la ridiculiser en publiant dans *Le Figaro* un article rédigé dans une caricature d'orthographe faisant croire aux lecteurs naïfs que c'était ainsi que l'Académie voulait qu'on écrivît. Et la réforme fut enterrée. Par la suite, le stratagème malhonnête du duc d'Aumale fut réutilisé pour déconsidérer le projet de réforme Beslais (1952) – avec le même succès.

Pour s'en protéger, il n'est peut-être pas inutile d'examiner comment il fonctionne.

Je vous présente le texte « lézwazo pikor ». Comment réagissez-vous ?

1er mouvement : ce n'est pas du français ; c'est un *dessin* formé de lettres auquel vous ne réussissez à donner un sens qu'en le déchiffrant.

2e mouvement : c'est du français, mais bourré de ce que vous ne pouvez faire autrement que nommer des fautes, puisque vous avez intégré à l'école un système de référence rigoureux qu'on peut schématiser ainsi :

– conforme à la norme = bien ;

– non conforme à la norme = mal (= faute).

3e mouvement : les « fautes » sont si nombreuses et si énormes que vous ne pouvez pas ne pas vous dire et même vous exclamer : « Moi, je n'écrirais pas comme cela ! » Vous pouvez même en éprouver une vague satisfaction. Mais si je vous fais savoir que c'est comme cela qu'il va *falloir* écrire, on aboutit à l'explosion.

4e mouvement : le scandale. Le Mal devient le Bien. La Vertu, c'est désormais le Vice. C'est le carnaval, mais un carnaval sinistre. Ou bien vous protestez ou bien vous éclatez de rire, bien décidés à ce que le carnaval reste ce qu'il est, un jeu, et que l'ordre règne.

De toute façon, le tour est joué.

Bien sûr, plus tard, le réformateur modéré pourra tenter de plaider sa cause, mais le mal est fait, et surtout il est fait au niveau de l'affectivité la plus profonde – la peur du chaos – et par le moyen non de l'argumentation, mais de la sensation, car, ne l'oublions pas, la séquence *lézwazo pikor* se présente au premier abord comme un dessin. Et, bien souvent, on le sait, face à la sensation et à l'affectivité, la raison reste désarmée.

8

Une réforme est-elle pratiquement réalisable ?

Bien sûr. Pour s'en convaincre, il suffit de regarder ce qui s'est passé dans d'autres langues.

Si l'orthographe de l'espagnol et surtout de l'italien est d'une telle limpidité, c'est qu'elle a fait l'objet de réformes.

Celles de l'allemand, du néerlandais et du danois ont reçu des aménagements plus ou moins nombreux depuis cent cinquante ans. En russe, une importante réforme mise en œuvre sous le régime tsariste a été entérinée par le régime soviétique en 1917. Tout récemment (1982), le grec a été toiletté.

Quant à l'orthographe du portugais, qui était pratiquement aussi compliquée que la nôtre, elle a reçu un énorme coup de balai entre 1907 et 1940, au point de devenir à peu près aussi simple que celle de l'espagnol.

Dans tous les cas, soulignons-le très fortement, l'**écriture** a changé, mais sans la moindre conséquence pour la **langue**.

9

Une réforme est peut-être applicable à certaines langues, mais l'est-elle au français ?

Assurément. Et la preuve en est que toute l'histoire du français est jalonnée de réformes. Il ne faudrait pas s'imaginer que notre orthographe aurait surgi dans un lointain passé telle qu'elle est aujourd'hui sans plus jamais bouger, comme une déesse sortant du cerveau de Jupiter. Depuis le Moyen Age, elle a été manipulée, bricolée, ajustée, parfois compliquée, presque toujours simplifiée.

Faisons un petit voyage – très rapide – à travers les siècles. Ouvrez un livre du Moyen Age : il est écrit de façon presque phonétique (*ki* = qui, *erbe* = herbe, *elefant* = éléphant, etc.), mais en caractères gothiques, et l'on ne distingue pas le *i* du *j* ni le *u* du *v*. Il faudra attendre le XVIe siècle pour que cet usage s'introduise progressivement.

A la même époque, pour tenter de se hisser au rang des grands ancêtres, on crut bon d'habiller à outrance le français de latin et de grec, souvent à tort et à travers. C'était une réforme qui compliquait : on écrivait *nuict, aucteur, scavoir, phiole*, etc.[1] Heureusement, Ronsard contrattaqua et réussit à nous débarrasser d'une partie de ces cuistreries.

Au XVIIIe siècle furent supprimés les pluriels en *-z* (les *blez*) et en *-oix* (les *loix*) ainsi que l'*s* devenu depuis longtemps muet dans *escole, escrire, coustume*, etc.

Grâce à Voltaire, nous n'écrivons plus *je disois, je chantois*. Mais cette réforme ne devint officielle qu'en 1835 en même temps que quelques autres : régularisation du pluriel des mots en *-nt* (*enfants* au lieu de *enfans*), suppression du trait d'union entre *très* et l'adjectif *(très-grand)*.

Et, depuis 1835, plus rien. La France avait vécu jusque-là en état de réforme permanent et elle s'est arrêtée. Non que de nouveaux projets n'aient été proposés, mais tous ont été enterrés. Sauf – heureuse surprise – celui de 1990.

1. *Nuit* vient du latin *noct-em*; auteur, du latin *auctor*; *savoir*, du latin *sapere* (mais ceux qui écrivaient *scavoir* croyaient que le mot venait de *scire*...) ; *fiole*, du grec *phialê* par le latin *phiola*.

10

Mais alors, tout le monde est réformiste ! ?

Eh oui ! Même si cela vous révulse d'entendre qu'on puisse désormais sans pécher omettre le circonflexe sur *abime*, vous êtes réformiste. Vous êtes pour le circonflexe et par conséquent partisan de ces dangereux agitateurs qui, voilà quatre siècles, introduisirent cette inquiétante innovation. Pour vous, *scholarité* est une faute parce que vous soutenez la réforme de ces esprits simplificateurs qui nous ont privés d'un délicieux ornement. Vous voilà donc tout comme moi réformiste. Tout comme moi, vous jugez excellente la dernière réforme (celle de 1835 et son petit prolongement de 1878). La seule différence est que vous considérez qu'elle est non seulement excellente, mais parfaite, puisque vous n'en voulez pas d'autre : toutes les réformes précédentes étaient justifiées – vive le progrès ! –, mais la dernière donne tant de satisfactions à tous qu'elle est insurpassable. Le progrès n'est plus possible.

Mais, franchement, sauriez-vous le démontrer ?

11

Dans la concurrence entre l'anglais et le français, la réforme de l'orthographe peut-elle jouer un rôle ?

On pourrait l'espérer. En effet, l'anglais est affecté d'une orthographe aberrante, le français aussi. Si le français guérit son orthographe, l'équilibre est rompu à son profit : il devient plus facile à apprendre, donc plus propre à nous attirer des adeptes. Ce n'est pas impossible, mais on peut rester sceptique. Le plus souvent, on apprend une langue étrangère non parce qu'elle est facile (ou réputée telle !), mais parce qu'on en a besoin ou qu'on veut accéder à une civilisation ; dans les deux cas, on est prêt à faire tous les efforts nécessaires. L'argument de la facilité pourrait tout au plus intervenir lorsque au collège le choix est donné entre l'apprentissage de deux langues (ainsi, certains élèves préfèreraient-ils l'espagnol à l'allemand...). On ne doit pas le négliger, mais sans illusions...

Et pourtant le fait de savoir qu'il existe des non-francophones qui apprennent le français doit nous inciter à réaliser une réforme de l'orthographe.

En effet, dans l'immense majorité des cas, ces gens se consacrent à notre langue pour des raisons qui ne sont pas utilitaires mais affectives : bien souvent, on apprend l'anglais parce qu'il le faut, et le français parce qu'on l'aime.

Or, aucune langue n'est facile – et surtout pas le français – et on ne peut rien y faire. Sauf justement dans un domaine, celui de l'orthographe.

Eh bien, faisons-le ! Simplifions l'orthographe. Pour ces amis qui viennent vers nous[1]. Non dans le dessein vaguement impérialiste de grossir les bataillons de la francophonie, non pour faire pièce à l'hégémonie anglo-saxonne, non par intérêt, mais tout simplement par amitié.

Ils font l'effort de venir vers nous, ils peinent sang et eau pour absorber nos verbes irréguliers, nos accords de participes et nos cassetêtes orthographiques, alors faisons un geste. Comme lorsqu'on s'efface pour laisser passer quelqu'un. Par politesse.

1. La Fédération internationale des professeurs de français et l'Association française des enseignants de français se sont prononcées en faveur des récents ajustements orthographiques.

II

Objections

12

Plutôt que de réformer l'orthographe, enseignons-la mieux !

Notre orthographe est très difficile. On ne peut pas s'attendre à trouver un remède miracle qui permettra de l'absorber tout entière au cours préparatoire. Cela dit, il faut applaudir les pédagogues qui essaient de l'enseigner plus efficacement.

Mais, d'abord, cette recherche n'est pas incompatible avec une réforme. Ensuite, il faut rappeler que l'orthographe n'est pas une fin en soi, parce que ce n'est pas une matière scolaire comme une autre. C'est une invention et c'est parce que c'est une invention utile qu'il faut l'enseigner. Tout ce qu'on peut dire, c'est : quitte à l'enseigner, autant le faire avec la meilleure méthode possible. Mais rien n'interdit de gérer l'invention indépendamment de son enseignement, surtout si, comme c'est apparemment le cas, la méthode miracle tarde à se manifester.

13

Pour savoir l'orthographe, il suffit de lire beaucoup...

D'abord, cela n'est pas si sûr. On voit des gens fort instruits, qui lisent beaucoup et avouent ne pas trop bien savoir l'orthographe. Peut-être parce que, par nature, ils sont dotés d'une mémoire visuelle médiocre ou, simplement, parce que, lorsqu'ils lisent, ils s'intéressent plus au message qu'à l'emballage – ce qui n'est surement pas une preuve de stupidité.

D'autre part, même si l'amour de la lecture doit être révéré, il ne doit pas devenir une dictature. Pourquoi faudrait-il passer sous son joug pour savoir manipuler l'écriture ? Même s'il ne lit pas beaucoup ou pas du tout, un Italien n'est pas handicapé par l'orthographe...

Enfin, s'il suffit de lire beaucoup pour savoir l'orthographe, inutile de l'enseigner, inutile de l'apprendre. Nous voilà donc avec un enseignement sans cours d'orthographe et sans dictée. Qui osera le premier proposer ce programme ?

14

N'allez-vous pas instituer un « français à deux vitesses » ?

La formule est très à la mode. Dégonflons-la.

Elle est sans doute inspirée de la notion de « justice à deux vitesses » – c'est-à-dire celle des riches et celle des pauvres, donc une mauvaise justice, car il ne doit en exister qu'une. Mais que signifie « français à deux vitesses » ?

Si c'est de la langue qu'on parle, il faut souligner que le français à deux vitesses existe bel et bien : un OS ne parle pas comme un banquier. Mais il faut immédiatement préciser :

1. que ce n'est pas *deux* vitesses qu'il faut dire, mais trois, quatre, dix, quatorze vitesses, car un jeune ne parle pas comme un moins jeune, une femme (surtout dans certains milieux) ne parle pas comme un homme, un agriculteur comme un citadin, un journaliste comme un professeur, etc. ;

2. que, contrairement à ce qui se passe pour la jus-

tice, la multiplicité des vitesses n'est pas forcément un mal ;

3. que, de toute façon, cela n'a rien à voir avec l'orthographe et sa réforme. Qu'on réforme ou qu'on ne réforme pas, le français gardera ses vitesses.

Si c'est d'orthographe qu'on parle, il faut dire que l'orthographe à deux vitesses existe déjà elle aussi bel et bien : il y a ceux qui savent et ceux qui ne savent pas. Ou, plus exactement, il y a ceux qui en souffrent et ceux qui n'en souffrent pas (voir p. 17) – étant entendu que ceux qui en souffrent se trouvent le plus souvent en position de faiblesse, parce que ce sont des enfants ou des déshérités. Puisque des gens en souffrent, cette multiplicité est un mal. La réforme permet d'atténuer (un tout petit peu) ce mal. Elle le fait en diminuant l'écart entre ceux qui savent et ceux qui ne savent pas, c'est-à-dire entre les « deux vitesses ». Si elle était menée à son terme, il n'existerait plus qu'une orthographe « à une vitesse » – comme en Italie.

15

La réforme, c'est le triomphe des cancres...

On dit aussi que c'est la prime aux nuls, qu'on aligne les bons sur les mauvais, que le niveau – qui baisse – va encore baisser : tout va à vau-l'eau. L'apocalypse...

Soyons sérieux. On pourrait peut-être (?) parler de baisse de niveau si, dans les études, on supprimait tel ou tel chapitre de l'enseignement d'une science ; par exemple, si en histoire on décidait de faire l'impasse sur le Moyen Age ou l'Antiquité. Mais l'orthographe, rappelons-le, n'est pas une matière scolaire comme une autre : c'est l'écriture, c'est-à-dire une invention ; on l'enseigne parce qu'elle est utile et même indispensable. Exactement comme les poids et mesures : ils donnent lieu à des exercices et des problèmes qui n'existent que pour qu'on s'habitue à les manipuler aussi efficacement que possible et non pour qu'on devienne plus intelligent ou plus cultivé. Et, si on décide d'adapter le système des poids et mesures, c'est ce nouveau système qu'on enseignera, même s'il est plus simple. C'est ce qui s'est produit à la Révolution, lorsqu'on a introduit le système métrique, qui, depuis, a fait le tour du monde. A-t-on jamais vu quelqu'un se plaindre que c'était la prime aux nuls parce qu'il permettait de résoudre les problèmes plus facilement que lorsqu'il fallait jongler avec les toises, les boisseaux, les setiers et les arpents ? Il en va de même pour l'orthographe. Elle ne sert pas à faire des dictées : on fait des dictées pour s'approprier un instrument aussi *vite* que possible. Une réforme de l'orthographe peut apporter les mêmes satisfactions que l'introduction du système métrique. Et tant mieux si les nuls sont un peu moins nuls !

16

A propos de la réforme de l'orthographe, on a parlé de créolisation...

Oui, cela s'est dit, et c'est peut-être pire qu'une ineptie : plus pernicieux.

On appelle créole « ces langages de Blancs... que les Noirs transplantés et dépouillés de leurs propres langues ont été contraints d'employer, à défaut d'autre chose, non seulement dans leurs rapports avec les Blancs, mais encore pour communiquer entre eux[1] ». Ces langages sont devenus leur seule et unique langue, et une langue à part entière qui, comme n'importe quelle autre, mérite le respect.

Ordinairement, les créoles d'origine française sont notés phonétiquement. Dire qu'une réforme de l'orthographe va créoliser le français, c'est dire que

1. Pierre Pérégo, « Les créoles », in *Le Langage* (*Encyclopédie de la Pléiade*, sous la dir. d'A. Martinet, Paris, Gallimard, 1968), p. 610.

cette réforme est phonétiste. Nous avons vu que cette accusation n'était pas fondée et peut-être malhonnête (voir p. 22). D'autre part, si l'abomination, c'est l'orthographe phonétique, qu'on le dise, mais sans mêler le créole à cette affaire. Seulement, voilà, le créole est une langue de nègres, une langue d'esclaves. Alors voudrait-on laisser entendre que ce qu'il y a de pire dans une réforme de l'orthographe, c'est qu'elle rapprocherait le français non pas de l'espagnol, comme on aurait pu le dire, notez-le bien, mais d'une langue de nègres.

On ne traitera personne de raciste, mais il faut quand même souligner les dangers que présente un langage mal pesé.

17

Attention ! l'orthographe appartient à notre patrimoine...

Bien entendu, mais un patrimoine, ça se gère, ça s'entretient, ça se fait fructifier. On a comparé l'orthographe à une cathédrale ; pourquoi pas ? Mais une cathédrale, on la ravale, on la balaie, on y installe le chauffage et l'électricité ; à certaines époques, on rajoutait même un jubé par-ci, une crypte ou une tour par-là – et pas forcément dans le même style. Si donc l'orthographe est une cathédrale, traitons-la aussi bien qu'une cathédrale.

Cependant, je me méfie de la comparaison avec la cathédrale : je crains qu'on veuille dire « monument-historique-à-visiter-pendant-les-vacances », c'est-à-dire, en fin de compte, un objet respectable, mais mort. Or, l'orthographe – l'écriture – est un patrimoine vivant qui sert quotidiennement à des millions de vivants et qui doit donc être entretenu pour vivre et aider à vivre. Comme ces patrimoines que sont les réseaux des routes ou des chemins de fer. On rend bien les trains toujours plus rapides et plus confortables ; pourquoi faudrait-il administrer cette invention qu'est l'orthographe avec moins de soin ? Entretenons notre patrimoine et pratiquons une écologie de l'écriture !

Encore un mot à propos du patrimoine : l'orthographe que nous utilisons de nos jours n'a pas surgi d'un seul coup, nous l'avons vu (p. 32). Elle est le résultat d'une série de réformes qui se sont égrenées à travers les siècles. L'ajustement de l'orthographe par réformes modérées et progressives appartient donc à notre tradition et à notre patrimoine. Vouloir la figer de façon définitive, c'est porter atteinte à notre tradition. A notre patrimoine.

18

Si l'on réforme l'orthographe, nous ne pourrons plus accéder aux livres anciens...

Ce n'est pas une réforme de l'orthographe qui peut nous couper de la littérature ancienne. Sinon, nous devrions faire notre deuil de Ronsard, Corneille, Racine, etc., car, depuis leur temps, plusieurs réformes ont eu lieu. Les éditions originales de leurs livres sont donc effectivement d'une lecture assez déroutante (et encore ! il ne faut rien exagérer), mais celles que nous utilisons aujourd'hui sont rédigées dans une orthographe retouchée – sans que les œuvres en souffrent. On ne voit pas pourquoi il en irait différemment avec une nouvelle réforme.

Mais, dira-t-on, ceci impose la réimpression de tous les livres. C'est un travail énorme et extrêmement couteux. En fait, ce ne serait nécessaire que dans le cas d'une réforme très importante. Or, la procédure de réforme proposée plus haut suppose des aménagements mesurés et progressifs. Ils seront si légers qu'ils n'attireront pas plus l'attention que les quelques fautes d'impression qu'on remarque dans certains journaux – ou qu'on ne remarque pas, simplement parce qu'on s'intéresse à ce qu'on lit. C'est précisément le cas de la petite réforme lancée récemment, qui, en moyenne, concerne moins de cent mots du français courant. Cela ne justifie vraiment pas qu'on réimprime tout ! Quant aux livres rédigés dans la nouvelle orthographe, ils ne présenteront aucune difficulté d'interprétation exactement pour la même raison.

19

Une réforme de l'orthographe peut-elle toucher les noms propres ?

Non, absolument pas. Ni les noms de personnes, ni les prénoms, ni les noms de lieux. Ne serait-ce que pour des raisons juridiques et administratives. Dans ce domaine, les changements d'orthographe sont possibles mais relèvent d'une procédure très particulière – et, bien entendu, dépendent uniquement de la volonté des individus pour les patronymes, et des autorités locales pour les noms de lieux.

N. B. Parfois, les noms de certaines localités sont estropiés, comme *Auxerre* que certains font rimer avec boxer, *Bruxelles* qu'on fait rimer avec excelle, *Chamonix* avec rixe et *Saint-Yrieix* avec vexe. Signalons que le jour où les gens du cru en auront assez d'entendre ces prononciations fautives, il leur est loisible d'agir pour qu'on écrive Ausserre, Brusselles, Chamonis, Saint-Irié.

20

Ne risque-t-on pas de porter atteinte à l'étymologie ?

Le problème n'est pas simple.

D'abord, que veut-on dire par étymologie ? Sans doute deux choses assez différentes.

Ce peut être le lien qui unit les mots d'une même « famille », comme par exemple *lit, literie, aliter.* Dans ce cas, respecter l'étymologie signifiera que l'on ne supprime pas le *t* de *lit*, bien qu'il ne se prononce plus. Ici la cause est entendue : nous l'avons déjà dit de la façon la plus claire, il n'est pas question de toucher à ce type d'étymologie ; tout simplement parce que le *-t* de *lit* est fonctionnel et justifiable (voir p. 23).

L'étymologie, c'est aussi la filiation entre la forme d'un mot et une forme antérieure : par exemple, entre le français actuel *écrire* et l'ancien français *escrire* (ou le latin *scribere*). Et c'est ici que tout se complique, parce que nous allons devoir envisager deux types de filiation radicalement différents.

D'abord, les bons vieux mots (comme *écrire*, justement) qui cahotent dans nos mâchoires de génération en génération et se transforment tout doucement au fil des siècles jusqu'à devenir méconnaissables : ainsi, *eau*, que nous prononçons *ô* et qui a dû se prononcer jadis à peu près *é-a-o*, vient du latin *aqua* ; *chien*, qui vient de *canis*, et *oiseau*, de *avicellus*. Ici aussi, la cause est entendue. En effet, pour ces mots-là, parler de respect de l'étymologie ne signifie pas grand-chose : si on voulait vraiment l'appliquer, il faudrait rendre compte de *toute* la forme latine ; ainsi, il faudrait que, dans le mot *écrire*, on retrouve *scribere*, et donc noter non seulement *escrire*, comme on le faisait jadis, mais aussi *escribre* et même *escribere* pour rappeler le souvenir du *-bere* latin... C'est ce qu'ont voulu faire certains cuistres au moment de la Renaissance : ils se sont mis à écrire *debte* (= *dette*), *doubter* (= *douter*), *nuict* (= *nuit*), *faict* (= *fait*), *veult* (= *veut*), etc., pour essayer de rapprocher le français du latin[1]. Heureusement, des gens éclairés comme Ronsard ont réussi à faire triompher plus de simplicité.

Ensuite, à côté de ces mots « de fondation » existent aussi les rapportés – ceux qu'on nomme les « emprunts » – qui ne relèvent pas de la même histoire. Ils proviennent d'autres langues, et il vaudrait mieux dire qu'ils sont transvasés plutôt qu'empruntés : quand le mot *weekend*, par exemple, s'est intro-

1. Les mots latins correspondants sont respectivement : *debita, dubitare, noct-em, factum, vult.*

duit en français, tout s'est passé (à peu près) comme si on l'avait pêché comme un poisson dans le bocal de l'anglais pour le faire passer dans celui du français.

Si l'on admet que l'orthographe doit respecter l'étymologie, la marche à suivre parait simple : on reprend tel quel le mot étranger avec son orthographe d'origine[1]. Mais, dans la pratique, tout se complique. Pour deux raisons :

1. Si nous empruntons les mots avec leur orthographe d'origine, nous risquons d'introduire dans notre langue ce qui peut paraitre des bizarreries. Ainsi, le son que nous écrivons normalement *ou* (de *cou*) va se trouver écrit *oo* dans des mots d'origine anglaise comme *boot, foot*(ball), *cool, pool, shoot, zoom*, etc. Si nous ne savons pas l'anglais, le choix entre *ou* et *oo* est impossible : il appartient à la frange d'absurde qui rend notre orthographe difficile et qui seule, rappelons-le, mérite vraiment d'être réformée (voir p. 22).

De nos jours, il est vrai, qu'on s'en réjouisse ou non, l'anglais est de plus en plus connu – au moins superficiellement – puisqu'en sixième plus de 86 % des élèves l'étudient en première langue. Par là même, le *oo* de *shoot, zoom*, etc., trouve assez aisément une justification : on n'aura pas à s'incliner devant le désolant « c'est comme ça parce que c'est comme ça » ; l'étymologie fournit ici une cohé-

1. Si le mot vient d'une langue qui ne s'écrit pas en alphabet latin, on transcrit comme on peut (voir p. 124).

rence, et l'on pourra en conclure qu'on doit la respecter.

Mais le problème se complique avec les mots empruntés au latin et au grec, qui forment une part énorme de notre vocabulaire. Ils sont orthographiés suivant les règles de ces langues[1] et ils apportent donc avec eux leur cortège de lettres doubles, de *ph*, de *th*, de *rh*, etc. ; ils introduisent donc des usages étrangers au français proprement dit. Naturellement, ces usages sont parfaitement transparents pour toute personne qui étudie le latin et le grec. Et c'est là que réside le problème : jusqu'au siècle dernier, tous les gens qui avaient à manier l'écriture avaient étudié le latin et le grec, et ceux qui n'en avaient pas fait étaient des gens dont l'avis ne comptait pas... Dans ces conditions, l'orthographe étymologique des mots grecs et latins était perçue comme normale ; il était facile d'expliquer à un élève pourquoi *colline* avait deux *l* et *bolide* un seul. Mais, de nos jours, la situation a changé radicalement : tout le monde sait écrire, mais on n'étudie plus guère le latin et encore moins le grec, de sorte que l'orthographe étymologique a perdu toute cohérence : si *colline* a deux *l*, et *bolide* un seul, c'est comme ça parce que c'est comme ça, exactement comme *charrue* avec deux *r* et *chariot* avec un seul. Et, par là même, contrairement à ce que

1. En fait, de nombreux mots nous viennent du grec par l'intermédiaire du latin dans la transcription que le latin faisait de l'alphabet grec. Et, lorsque le français emprunte directement au grec, il continue à utiliser la même méthode de transcription et passe par le filtre du latin.

nous constations pour les mots d'origine anglaise, l'orthographe étymologique des mots d'origine latine et grecque est indéfendable.

Qu'on ne croie pas que je dise cela de gaieté de cœur, car j'ai le plus grand respect pour le latin et surtout pour le grec. Ils sont le fondement de notre culture, et j'irai jusqu'à affirmer que, si l'anglais est utile, le grec est indispensable. Or, on a préféré le premier et l'on a étouffé le second – dans l'indifférence générale, faut-il le souligner ? Peut-être un jour Némésis nous frappera-t-elle pour ce forfait. Mais le choix est fait. Assumons-le et ne venons pas pleurer les *ph*, les *th* et les *rh* au nom de l'étymologie. Vouloir faire grec quand on ne fait pas de grec, c'est comme faire le signe de croix quand on n'est pas chrétien. Cela s'appelle une singerie.

2. Le respect de l'étymologie pose un second problème. A première vue, en effet, cette notion inspire confiance : le mot est compliqué, la science qu'il désigne est vénérable, et le respect du respectable ne peut donc qu'être respectable, d'autant plus qu'il exige habituellement beaucoup d'efforts. Et pourtant méfions-nous.

En effet, les emprunts, par définition, sont des corps étrangers ; dans la langue d'origine, ils ont une prononciation, une orthographe, un comportement grammatical qui ne correspondent pas forcément aux habitudes du français. Allons-nous les garder ou les rejeter ? Tout est possible : de la *redingote*, qui est si totalement francisée que seuls les spécialistes savent que le mot vient de l'anglais *riding-coat*, jusqu'aux *marines*, que, pour nous montrer qu'ils savent un peu l'anglais, certains journalistes croient bon de prononcer *mo-loui-în-zz* à l'américaine ; ils gardent tout : prononciation, orthographe et -z du pluriel[1].

On voit le problème : si les emprunts à l'anglais (ou à toute autre langue) deviennent très nombreux et si l'on conserve scrupuleusement leur prononciation, leur orthographe et leur comportement grammatical, il est à craindre que la physionomie du français soit bouleversée. En soi, cela n'est pas dramatique : il est fréquent que les langues se métissent ainsi – à commencer par l'anglais. Mais une langue n'est pas qu'un moyen de communication, c'est aussi le véhicule d'une culture et presque toujours le symbole d'une identité. Dans ces conditions, un emprunt n'est pas neutre, pas plus que la façon dont on le réalise. C'est le plus souvent un acte magique permettant de réaliser un rêve : des boots, ce sont des godillots transfigurés ; le tee-shirt, c'est l'exaltation du maillot de corps ; et si, dans votre bouche, les marines deviennent des *mo-loui-în-zz*, vous deviendrez un bref instant, c'est garanti, presque aussi grand, aussi fort, aussi beau qu'un Américain. Dans un registre plus grave, l'anglicisme pourrait aussi, chez les blacks et chez les gays, exprimer une identité qu'on

1. Sauf lorsqu'ils articulent le *a* à la française ou hésitent à nous infliger le -z du pluriel ; ou alors disent **un** *mo-loui-în-zz*, comme cette journaliste de la télé que je ne nommerai pas. Rappelons que ces militaires sont en fait des « fusiliers marins ».

assume ou une dignité qu'on affirme. Et, par la même magie, les emprunts au grec et au latin nous font un peu participer à l'éclat du monde antique.

Dans tous les cas, l'emprunt correspond à un acte symbolique de soumission entièrement irrationnel et qu'on peut donc ne pas admettre de confiance. Deux questions au moins peuvent se poser : jusqu'où se soumettre et pourquoi se soumettre ?

• *Jusqu'où se soumettre ?*

Nous avons vu plus haut que, lorsqu'un mot étranger est emprunté, il peut être traité de différentes façons : de *mo-loui-în-zz* à *redingote* en passant par *weekend.* Il en est de même des mots latins et grecs : on respecte leur orthographe, mais, presque toujours, on les adapte à la grammaire française ; *diurnus* devient *diurne*, et *exasperare* passe à *exaspérer*. Il pourrait en être autrement : des mots comme *infarctus, agenda, referendum (référendum)* le prouvent ; pour ce dernier, on a même parfois formé le pluriel à la façon latine : *referenda.* De même, on pourrait fort bien imaginer un pluriel *week-ends* dont le *s* serait prononcé comme en anglais (et pareillement pour tous les mots d'origine anglaise).

Mais, dans l'autre sens, on pourrait aussi légitimement envisager de franciser davantage, en particulier l'orthographe. En effet, si l'on se permet de violer l'intégrité de la forme d'origine dans un domaine, la grammaire ou, dans le cas de l'anglais, la prononciation, au nom de quoi devra-t-on accorder un traitement de faveur à l'orthographe ? Si l'anglais *clown* se dit chez nous *cloune* (et non *claoune*), pourquoi ne pas modifier aussi la façon de l'écrire ? Et si nous abandonnons le *-us* (ou *-os*) de *philosophus/philosophos*, pourquoi ne pas renoncer aussi au *ph* au profit du *f* ?

• *Pourquoi se soumettre ?*

Celui qui emprunte à l'anglais fait un rêve. Et c'est bien son droit. Mais on peut ne pas le partager et même s'en irriter. On peut rêver que ce n'est pas plus mal d'être soi-même. Beaucoup d'esprits pensent aussi, surtout au Canada, que la pression de l'anglais menace gravement l'identité culturelle des francophones.

Les plus actifs lancent des mots nouveaux pour franciser les emprunts à l'anglais – c'est ainsi que l'*oléoduc* a pratiquement chassé le *pipeline* ; et, lorsque l'emprunt est trop bien implanté, ils proposent de franciser l'orthographe ; ex. : *fioul, gazole, conteneur*, etc. En fin de compte, le rêve de l'un vaut le rêve de l'autre. Mais, attention ! dans ce conflit, le partisan du respect de l'étymologie prend parti : il va nécessairement se prononcer contre la francisation, car on ne peut pas préconiser le respect de l'étymologie dans le cas des mots d'origine grecque, par exemple, et accepter *gazole, rosbif* ou même *redingote* ; l'étymologie veut *gas-oil, roastbeef* et *riding-coat*. Inversement, si l'on est satisfait de *fioul* et de *gazole*, on ne voit pas au nom de quoi on refuserait *filosofie*...

On pourrait tenir un raisonnement analogue à propos des emprunts aux langues classiques. Ici aussi, le respect de l'étymologie engage – et de façon aussi cruciale –, car il s'articule sur un conflit qui ne met en jeu rien de moins que l'identité de la France et même de l'Europe occidentale tout entière. En effet, on pourrait dire sans trop simplifier que toute l'histoire culturelle de l'Europe occidentale est concentrée dans un seul mot : Rome. Rome et son Empire, Rome et sa culture, Rome et sa religion. L'image fulgurante de cette puissance et de cette gloire a fasciné et obsédé les Européens, particulièrement les Français, jusqu'à une époque récente à un point que nous pouvons difficilement concevoir. Soit qu'ils s'en proclament les dignes fils, soit qu'ils veuillent affirmer leur autonomie.

Longtemps le latin et la culture qu'il véhicule ont régné seuls. Mais, progressivement, les langues et les cultures régionales se développent et concurrencent le latin. Cependant, cette concurrence n'est pas agressive : le latin et les œuvres latines sont toujours révérés. La seule question qui se pose est : « Pouvons-nous nous affirmer comme les égaux du grand ancêtre ou devons-nous nous résigner à en rester les élèves dociles ? » Et elle se pose de façon lancinante et douloureuse comme une sorte de complexe d'Œdipe collectif. Ce qu'on nomme la « querelle des Anciens et des Modernes » n'est pas une péripétie subalterne d'un microcosme littéraire, c'est un des drames fondamentaux de la civilisation européenne. On voit comment l'orthographe va se trouver mêlée à cette crise : le fait de la rapprocher du latin et du grec est une façon de maintenir le cordon ombilical avec l'ancêtre, de participer à sa gloire ; au contraire, s'éloigner de cette attitude revient à couper le cordon et à affirmer : comme l'espagnol ou l'italien, le français est adulte, il vaut le latin.

Ainsi, prendre parti pour le respect de l'étymologie situe dans le camp des Anciens. Pourquoi non ? – mais qu'on le dise et qu'on sache répondre aux Modernes. En outre, bien entendu, prendre ce parti suppose – comme jadis lorsqu'on était de ce bord, que l'on connaisse le latin et le grec aussi bien et même mieux que le français, que l'on entretienne un commerce quotidien avec la littérature classique – dans le texte – et qu'on milite pour un retour aux humanités. On ne se bousculera pas...

Nous étions partis d'un problème mineur et, de fil en aiguille, nous voici confrontés à des choix de civilisation qui mettent en cause notre passé, notre avenir, notre identité culturelle. Je ne prétends pas apporter de réponse catégorique, mais seulement quelques matériaux pour la réflexion ainsi qu'une mise en garde : le respect de l'étymologie en matière d'orthographe, oui, mais à condition de savoir ce qu'on veut dire et ce qu'on veut.

21

L'orthographe n'est-elle pas une école d'effort ?

Telle qu'elle est, c'est la culture du gâchis.

On peut exiger des gens – et en particulier des élèves – un effort justifié et compris, mais l'effort pour l'effort n'est pas un bien en soi. C'est pour cela qu'on ne fait pas apprendre par cœur l'annuaire du téléphone. Parce que c'est idiot.

Eh bien, pour l'orthographe, c'est la même chose : *grand* avec un *d*, d'accord – à cause de *grande, grandeur*, etc. ; mais les ritournelles du genre *bijoux, cailloux*, etc., ne valent pas mieux que l'annuaire du téléphone.

Faisons des efforts pour ce qui en vaut la peine – les occasions ne manquent pas !

22

L'orthographe n'est-elle pas une école de rigueur ?

Elle pourrait être une école de réflexion, mais, par la faute de ses embrouillaminis et de ses chausse-trappes, elle appartient au domaine du « c'est comme ça parce que c'est comme ça ». Que voulez-vous qu'un enseignant dise d'autre à un enfant qui lui demande « pourquoi *chatte* avec deux *t* et *rate* avec un *t* ? pourquoi *rénal/rein*, mais *veineux/veine* ? pourquoi est-ce compliqué alors que ça pourrait être simple ? »...

« C'est comme ça parce que c'est comme ça » : la démission de l'esprit ! Mais à cette phrase terrible le maitre va devoir en ajouter une autre qui est plus terrible encore parce qu'elle est perverse : «... Et, mon petit, si tu respectes cette règle idiote, tu auras une bonne note. Sinon, gare à toi ! »

Avachissement mental et moral. Voilà ce qu'il faut pour « former » des sujets dociles et des soldats aux ordres ; mais nous, ce que nous voulons, ce sont des citoyens adultes et responsables. Il faut le redire encore et toujours : « Science sans conscience n'est que ruine de l'âme. »

23

Si on ne sait pas l'orthographe, c'est la faute aux enseignants...

C'est une chanson qu'on entend souvent, et on connait le reste : il n'y a pas de mauvais élèves, il n'y a que de mauvais enseignants ; il n'y a pas de mauvais manuels, il n'y a que de mauvais enseignants ; il n'y a pas de mauvais locaux, il n'y a que de mauvais enseignants.

Ce n'est pas le lieu de répondre à ces calomnies. Disons simplement que l'enseignement de l'orthographe pose un problème insoluble précisément parce que notre édifice pédagogique est aujourd'hui fondé sur le refus du « c'est comme ça parce que c'est comme ça » – et que c'est pourtant cette réponse que, trop souvent, les enseignants sont obligés de donner. On conçoit qu'ils ruent dans les brancards – surtout les instituteurs, qui, eux, sont en première ligne, eux à qui l'on demande – quelle dérision ! – d'enseigner une orthographe tordue alors que leur mission est, c'est le sens du latin *instituere*, de « faire en sorte qu'on se tienne droit ».

24

Et la fantaisie ? N'oubliez-vous pas la fantaisie ?

... et les réformateurs ne sont-ils pas de méchants rationalistes anguleux et moroses, des géomètres gris sans âme et sans sourire qui s'acharnent à détruire les mille mignons tarabiscots dont s'enchantent espièglement toutes les âmes bien nées ?

Halte-là ! La fantaisie ne connait ni règles ni sanctions, et la fantaisie qui sanctionne se nomme tracasserie.

On peut rêver à la vraie fantaisie sans dictée et sans fautes, la fantaisie du n'importe quoi, n'importe comment, hénaurme, byzzarrhe et khollosaâl, qui s'éclathe et qui rhygolle et qui délyre et, pourquoi pas, si l'on veut, quand on veut, la fantaisie limpide et nue de la simplicité. La vraie fantaisie. Pas *les* fantaisies de l'adjudant flic qui, dès qu'on s'éloigne de ses petits sentiers battus et de ses entourloupettes aigrelettes et maigrelettes, s'affole et crie « Faute ! ». La fantaisie, c'est le grand large.

A la vérité, je n'en demande pas tant, mais, si c'est là ce qu'on veut, qu'on le dise. Sinon, que l'adjudant ne vienne pas se faire passer pour un poète.

25

Et la puissance d'évocation de l'orthographe ?
Sa relation avec l'imaginaire ?

Bien sûr, cela existe ! Et je proclame que vous avez bien le droit de sentir qu'« un abîme sera toujours plus profond qu'un abime[1] ». Mais je vous demande de proclamer à votre tour que j'ai bien le droit de sentir le contraire : a-t-on jamais vu pareille niaiserie que ce minable chapeau de gendarme planté sur l'insondable ! Autant mettre un ruban à la Vénus de Milo ! L'abime, le véritable abime, doit être nu – et sans accent – tout comme l'ame, Psyché, ce papillon qu'on a méchamment perforé de cette flétrissure anguleuse... Et le nénuphar affublé de ce *phar* de pharisien, de pharmacien, de pharyngite comme s'il venait du grec ! Libérez-le ! Vive le nénufar farfadet, farceur et farfelu qui rêve de farniente, de farigoule, de farandole et de Serge Lifar !

1. Ce texte a été publié dans *L'Humanité* du 27 mars 1991 en réponse à un article de M. Boué du 11 janvier 1991.

En un mot, votre imaginaire vaut le mien, mais le mien vaut le vôtre.

Conclusion : ou bien l'objection de l'imaginaire est irrecevable ou bien elle mène, comme la fantaisie, à la plus extrême tolérance.

26

Notre orthographe est belle, avec ses complications, ses exceptions, ses fioritures...

Et la simplicité, n'est-elle pas belle ?

Songez à la simplicité fraiche de Ronsard, à la simplicité lumineuse de Voltaire, à la simplicité insoutenable de Racine. Et puis songez à l'Italie, elle qui a produit tout ce qui peut ravir l'homme et qui, en plus, a la simplicité de l'écriture ! Alors laissez tomber tous ces falbalas, tout cet attirail de rococo riquiqui, de pomponnette et de nids à poussière. Et vive la simplicité !

27

Que reprochez-vous le plus aux gens qui sont conservateurs en matière d'orthographe ?

Leur tiédeur ! On n'en a jamais rencontré un seul qui ose aller au bout de ses idées. Tenez, la plupart ne jurent que par l'étymologie : pas question de toucher au *th* de *théâtre*, au *ph* de *philosophie*, etc. Eh bien soit, marchons, vive l'étymologie ! Mais alors frémissez, écumez, bouillonnez devant la *scolarité*, la *corde* et la *phtisie*, car c'est bien entendu la *scholarité*, la *phthisie* et la *chorde* qu'il faut vouloir, puisque l'étymologie impérieusement le veut. Vous gardez le circonflexe sur *goûter* en souvenir du *s* ? Alors bataillez pour en installer un sur *coutume*, *mouche*, *école*, etc. ! Mitraillez, pilonnez la Société des agrégés jusqu'à ce qu'elle devienne enfin la Société des aggrégés – le latin l'ordonne ! Et, pour la même raison, soyez aggressifs avec deux *g*, tempêtez, dégainez, vouez à la « guillotine morale » les infâmes qui tolèrent tous ces péchés contre l'étymologie ! Mais, au fait, que font-ils, nos militants ? Ils croisent les bras ! On viole sous leurs yeux et ils ne bougent pas. Que dis-je ? Ils participent au viol, car ils se feraient hacher menu plutôt que d'écrire *coûtume* ! Pensez donc, on leur compterait faute !

Quant à l'orthographe jardin de fantaisie, par charité, n'y revenons pas (voir p. 67). Là, ils ne sont même pas tièdes, ils sont blêmes...

Et la rigueur, l'orthographe école de rigueur... Vous savez ce que j'en pense (voir p. 63)... Enfin, admettons. Mais si vous croyez vraiment aux vertus formatrices des listes d'exception, pourquoi ne vous mobilisez-vous pas pour en fabriquer de nouvelles ? Du genre « *fauteuil, brebis, orgie* et *kyrielle* prennent toujours un *x* au pluriel, de même que l'adjectif qualifiant ces noms lorsqu'il est placé après : « de *jolis fauteuilx* », mais « des *fauteuilx râpéx* ». Et puis il faudrait bien qu'on rétablisse les pluriels en *-z* (des *blez*) et en *-oix* (des *loix*). Ça, ça vous forgerait des hommes.

III

ÇA MARCHE
et comment !
... Et comment ?

28

En matière d'orthographe, qui décide ?

Personne.

Ou, plutôt, personne et l'Académie.

Je m'explique. Au Moyen Age, lorsqu'on écrivait encore peu en français, mais surtout en latin, l'orthographe, sans être vraiment sauvage, n'était pas bien fixée – d'autant moins qu'il existait alors plusieurs dialectes en concurrence.

Puis le français parisien s'est considérablement développé et, lors de l'invention de l'imprimerie, un besoin de standardisation s'est manifesté aussi bien dans le domaine de la langue que dans celui de l'orthographe. Et ce besoin a coïncidé avec la création de l'Académie française par Richelieu (1635).

Dans le domaine de l'écriture, le rôle de l'Académie était celui d'un comité des Sages destiné à conseiller, arbitrer, proposer, mais non à légiférer : elle l'a tenu pratiquement sans relâche depuis sa création. Concrètement, c'est elle qui a encadré et entériné après discussions les réformes énumérées (p. 32), et les a couvertes de son autorité en les publiant dans son *Dictionnaire*.

Elle a accompli sa tâche avec une telle compétence que son opinion est devenue la référence unique des typographes et du corps enseignant – et, en fin de compte, de l'ensemble des usagers non seulement en France, mais dans toute la francophonie (voir p. 118).

L'Académie ne légifère pas, mais son avis vaut loi ou plutôt fait foi. Et, comme aucune autre autorité n'a jamais cherché à légiférer en matière d'orthographe, on peut donc effectivement dire que dans ce domaine personne ne décide, mais que l'on s'incline lorsque l'Académie a parlé.

29

En somme, Académie-réforme, même combat ?

Absolument.

Et il faut le souligner parce que, de nos jours, on a parfois tendance à considérer que c'est le contraire. Or, on peut dire que l'action de l'Académie a consisté pour une grande partie à promouvoir la réforme : depuis 1740, chaque édition de son *Dictionnaire* équivaut à la publication d'une réforme.

Elle a réalisé ce travail avec patience et, malgré les apparences, avec méthode. Non qu'elle ait arrêté une fois pour toutes un programme défini et détaillé à réaliser suivant un calendrier précis ; mais, si l'on observe l'ensemble de sa démarche depuis sa fondation jusqu'à 1893 (au moins), on peut y découvrir une sorte de doctrine implicite qui pourrait se résumer ainsi :

1. l'orthographe du français est problématique ;

2. l'Académie est disposée à discuter d'aménagements ;

3. après discussion, elle peut en accueillir certains ;

4. les aménagements sont accueillis progressivement et non sous forme massive ;

5. ils sont accueillis au nom de la rationalité :

– recherche d'une plus grande simplicité,

– conformité à l'étymologie.

Et voilà pourquoi nous n'écrivons plus comme on le faisoit iadis.

30

Quel est le rôle de l'État ? Quel est le rôle du ministre de l'Éducation nationale ?

Le principe est que, dans aucun pays de la francophonie, ni le ministre de l'Éducation ni aucune autre instance gouvernementale n'intervient en matière de langue pas plus qu'en matière d'orthographe : ils s'en remettent à l'Académie française. Ce principe a été confirmé récemment en France non seulement par le Premier ministre, mais par le président de la République lui-même. C'est une tradition, et il pourrait en fait en être autrement, car le ministre de l'Éducation peut *théoriquement* disposer d'un pouvoir considérable dans le domaine de l'orthographe. Il peut en effet publier des arrêtés et, comme c'est lui qui définit les programmes scolaires, il pourrait imposer ses vues sur l'enseignement, la notation mais aussi sur la nature de l'orthographe. Il pourrait même théoriquement s'opposer à l'Académie.

Et – le fait est peu connu – cela s'est même produit

deux fois en France : par le biais de l'arrêté du 26 février 1901 et de celui du 8 février 1977 (où des tolérances sont admises alors que l'Académie ne les a pas entérinées). Mais ces arrêtés sont fort modestes[1] et surtout ils sont restés si confidentiels que personne ne les connait ni ne les applique.

Cette extrême retenue permet donc de conclure que la référence ultime en matière d'orthographe reste, au moins dans la pratique, l'opinion de l'Académie.

1. Les tolérances qu'ils proposent ne valent que pour les examens et concours. Elles portent sur des points comme l'omission de l'accent circonflexe et du trait d'union ainsi que l'assouplissement de certains accords (en particulier, celui des participes passés).

31

Venons-en aux présents aménagements. On a dit qu'ils ont été extorqués par d'obscures manœuvres...

C'est absolument faux. Tout s'est déroulé de la façon la plus limpide et la plus classique, et voici comment :

ACTE I

Un mouvement dans l'opinion se dessine en 1988-1989. Le Syndicat national des instituteurs s'étonne publiquement du fait que, depuis 1878, l'Académie ait interrompu son traditionnel travail de réforme. D'autre part, un appel de dix linguistes est lancé dans *Le Monde* du 7 février 1989, puis par plusieurs livres qui paraissent dans le courant de l'été 1989[1]. Un

1. Jacques Leconte et Philippe Cibois, *Que vive l'orthographe !*, Paris, Éd. du Seuil, 1989, avec une préface de Michel Masson et une postface de Jean-Claude Barbarant ; Nina Catach, *Les Délires de l'orthographe*, Paris, Plon, 1989 ; Agnès Millet, Vincent Lucci et Jacqueline Billiez, *Orthographe, mon amour,* Presses universitaires de Grenoble, 1990.

débat véhément, mais généralement de bonne tenue s'ensuit dans les médias.

ACTE II

Sensibilisé par cette effervescence, le gouvernement saisit le Conseil supérieur de la langue française, qui nomme une commission d'experts composée de linguistes, de lexicographes et de personnalités diverses, et elle remet son rapport au printemps 1990. Il est examiné et, après discussion, adopté par le Conseil supérieur de la langue française (CSLF).

ACTE III

L'Académie examine le rapport et, après discussion et amendements, l'adopte à l'unanimité (mai 1990). Le Conseil supérieur de la langue française du Québec et le Conseil de la langue de la communauté française de Belgique l'adoptent également.

ACTE IV

Le projet est publié dans la section des « documents administratifs » du *Journal officiel* (6 décembre 1990)[1].

Rien d'anormal dans cette procédure. Et la meilleure preuve, c'est que, si une irrégularité quelconque s'était produite, on n'aurait pas manqué de pousser les hauts cris. Or, au moment des débats (qui

1. Ce type de document n'est ni une loi, ni un décret, ni un arrêté : ce n'est pas un acte gouvernemental.

se sont déroulés sur des mois), *jamais* la composition de la commission ou du CSLF n'a été critiquée par *personne*, et *jamais* personne n'a critiqué non plus le fonctionnement de la commission, ni celui du CSLF, ni celui de l'Académie.

On dit pourtant que, lors des débats, il y avait des absents, qu'ils n'ont pas pu exprimer leur opinion et que, s'ils avaient été présents, tout aurait été différent.

On croit rêver ! Bien sûr qu'il y avait des absents ! Dans tous les conseils, dans toutes les commissions, dans toutes les réunions, il arrive qu'il y ait des absents. Mais, dans tous les conseils et dans toutes les commissions, ces absents s'expriment, car ils disent : « Je m'en remets au vote des présents. » C'est la règle, et une règle de gros bon sens : on ne va pas recommencer une réunion sous prétexte qu'un ou deux de ses membres ont eu la paresse de s'y rendre... Et, lors de tous les débats du printemps 1990, jamais aucun absent n'a eu l'idée saugrenue de protester que la réunion s'était déroulée sans lui, tout simplement parce qu'un absent n'a qu'un droit : celui de s'excuser.

32

Vous abrégez peut-être un peu trop l'histoire ?

A peine. En fait, c'est vrai, aux quatre actes dont nous parlions s'en ajoutent deux autres, mais on peut les considérer comme de simples péripéties. Voyons cela de plus près :

ACTE V

Le projet de réforme est attaqué par des opposants.

On se fit la guerre. Comme pour en exorciser une autre – la vraie. Une guerre épique. Et très très très parisienne. Et très très très médiatique. On se dit des gros mots ; on se dit de grands mots. On s'égratigna, on s'indigna, on trépigna, on se signa et l'on signa n'importe quoi. On vit des résistants entre deux pâmoisons dresser des « guillotines morales » pour les « technolinguistes » fauteurs de goulags (moraux), assassins du français. Avec une démesure et une inélégance qui, venant le plus souvent de gens de qualité parfois fort éminents, ne laissent pas de surprendre et même de peiner, les réactionnaires ne demandaient pas moins que les Immortels se déjugeassent, vinssent à résipiscence, bref, en un mot comme en mille, oui, qu'ils s'écrasassent. Non sans quelque hâte, on les crut gagnants lorsque, saisie par l'éclat conjugué de leur tintamarre et de leur excellence, l'Académie permit que son avis fût réexaminé, au risque d'y laisser le prestige et l'honneur et peut-être la vie.

ACTE VI

Toute l'angoisse contenue dans cet inoubliable alexandrin va-t-elle se dénouer ? Suspense. On ne ménagea pas nos nerfs. La séance longue et tumultueuse du 10 janvier 1991 nous laissa dans le doute. Ce n'est que le 17 qu'enfin l'on sut : non l'Académie ne s'était pas déjugée.

RIDEAU

33

Et pourtant ne dit-on pas un peu partout que la réforme est enterrée ?

On le dit, et c'est faux. D'abord, ce n'est pas une réforme, ce sont des recommandations. Ensuite, elle n'est pas enterrée tout simplement parce qu'elle ne pouvait pas l'être. Bonne ou mauvaise, il fallait qu'elle passe, et ceci pour deux raisons qui dépassent de très loin l'amour ou le mépris de l'accent circonflexe.

1. La première raison est liée à l'histoire de l'Académie. Nous avons vu que, tout au long des siècles, de nombreuses réformes ont été réalisées avec sa bénédiction : 1718, 1740, 1762, 1835. La question de l'orthographe n'était pas un problème ou, plutôt, c'était un problème dont on avait trouvé la solution : on savait que par des ajustements progressifs on en viendrait à bout. On considérait même le problème comme si bien réglé que la Révolution de 1789 ne s'en est jamais préoccupée – elle qui, pour-

tant, a rationalisé d'un trait de plume tout le système des poids et mesures, chambardé le calendrier, créé de nouveaux prénoms et l'appellation de « citoyen », découpé le pays en départements, etc. C'est que les révolutionnaires venaient de bénéficier d'un train de réformes (1762) et ne doutaient pas qu'un autre allait venir – à juste titre, puisqu'il fut entériné par l'Académie en 1835. Un rythme de croisière avait donc été trouvé, et il était dans la nature des choses qu'une nouvelle fournée de réformes soit examinée un peu plus tard. C'est ce qui arriva effectivement en 1893. Tout aurait dû se passer comme dans les cas précédents, mais c'est alors que se produisit un coup de théâtre : les adversaires de la réforme publient dans *Le Figaro* un texte caricatural qui ridiculise le projet[1] (voir p. 29). Du point de vue de la morale, c'était ignoble, mais c'était un joli coup médiatique. Il s'ensuivit une empoignade mémorable, mais le mal était fait : la réforme fut enterrée.

Le plus grave est que l'Académie ne s'en remit pas et, à part d'infimes rectifications, elle cessa complètement de jouer le rôle qui avait été le sien si longtemps : celui d'ordonnatrice de réformes.

Les Immortels étaient-ils morts ? On put le croire, mais, en 1989, on découvrit qu'ils n'étaient que dans le coma : on les vit soudain se réveiller, s'intéresser à la réforme, y travailler et, aujourd'hui, le résultat est

1. Il envisageait des simplifications dans le domaine des lettres doubles, des lettres grecques, des mots composés, des accents et du *-x* final muet.

là. Le cadavre aux quarante bicornes est ressuscité. Dans ces conditions, on comprend quel est l'enjeu : les académiciens jouent leur va-tout. Si elle passe, ils vivent, et le complot de 1893 n'est qu'une péripétie qu'on peut passer aux profits et pertes. Si elle ne passe pas, ils meurent, car la preuve est faite qu'ils sont incapables de résister aux pressions médiatiques : la reculade n'est plus une péripétie, c'est une habitude.

Or, personne n'a intérêt à ce que meure l'Académie – surtout d'une mort si peu digne. Pas les académiciens eux-mêmes, cela va de soi ; mais le reste de la société non plus. D'abord parce que, pourrait-on dire en souriant, elle « fait partie du paysage » et qu'on ne sacrifie pas de gaieté de cœur un monument si vénérable. Ensuite parce que, nous l'avons vu, elle remplit une fonction : elle est la référence ultime des enseignants, des dictionnaires et des typographes. Si l'Académie sombrait dans le ridicule, il se créerait un vide qui pourrait devenir fort dangereux. En effet, qui pourrait garantir que, laissés à eux-mêmes, les uns ou les autres ne lancent leur propre orthographe ? Cela s'est vu au XVIe siècle et même après. Et si telle ou telle association, un syndicat par exemple, diffusait son propre dictionnaire ? Pourquoi pas, mais qui osera le premier se déclarer pour ce qui pourrait devenir une manière d'anarchie ?

Mais il existe aussi un second motif qui interdit qu'on enterre ces dispositions. Nous avons vu qu'elles avaient été élaborées par des instances responsables travaillant sérieusement, honnêtement et démocratiquement. Or, ce travail a été remis en cause à la suite de pressions médiatiques fort peu inspirées par le respect du jeu régulier des institutions et très évidemment calquées sur le complot de 1893 (voir p. 29). Si la réforme était escamotée, cela signifierait non seulement que l'Académie s'incline devant ces menées, mais que le Conseil supérieur de la langue française (où siègent, ne l'oublions pas, des francophones non français) et la commission des experts sont ouvertement désavoués. Et cela serait fort grave, car cela dépasserait de très loin le problème de l'orthographe : cela signifierait que, désormais, toutes les procédures identiques, qui sont usuelles dans un système démocratique, pourraient à tout moment être remises en question dans les mêmes circonstances douteuses. Ce ne serait plus une affaire d'accent circonflexe, ce serait une « affaire ». Et même davantage : un problème de société.

34

Mais, enfin, lisez la déclaration de l'Académie...

En effet, lisons-la et lisons-la bien ! Et l'on y verra ceci :

1. L'Académie souligne que des mots « pourront être écrits de manière différente sans constituer des incorrections ni être jugés comme des fautes[1] ». Il s'agit bien entendu des mots qui sont intéressés par les modifications envisagées dans le rapport publié le 6 décembre 1990. L'Académie fait donc état d'une tolérance.

2. Les académiciens vont plus loin : ils prennent le soin de rappeler qu'ils ont approuvé à l'unanimité, le 3 mai 1990, les propositions du Conseil supérieur de la langue française qu'ils qualifient désormais de recommandations. Autrement dit, non seulement ils ne les remettent pas en cause, mais ils prennent le soin de mentionner ce vote et même de rappeler qu'il

1. Voir texte complet de la déclaration, p. 179.

a été obtenu à l'unanimité. Ils maintiennent donc, par le fait même, leur approbation.

3. « L'orthographe actuelle reste d'usage. » Il est bien évident que l'on ne va pas envoyer les gendarmes aux gens qui continueront à écrire *abime* avec un *î* ! Ce n'était naturellement pas l'intention du projet du *Journal officiel*. La tolérance allait de soi, mais il n'y a rien à perdre à le préciser.

N. B. Notez que les académiciens disent bien « l'orthographe actuelle reste **d**'usage » – et non « **l**'usage ». Ce qui, bien entendu, changerait tout...

35

Cependant, ce qu'on avait présenté comme une « réforme » ou des « rectifications » prend désormais le nom de « recommandations ». N'est-ce pas un recul ?

C'est une mise au point. Et justifiée sans aucun doute. En effet :

• Le mot *réforme* n'est peut-être pas en soi vraiment critiquable si l'on s'en tient à la définition stricte : « changement qu'on apporte dans la forme d'une institution afin de l'améliorer, d'en obtenir de meilleurs résultats[1] ». C'est bien de cela qu'il s'agit. Mais, curieusement, alors que le dérivé *réformiste* évoque la modération et même la timidité (par opposition à *extrémiste* ou *révolutionnaire*), le mot *réforme* est souvent associé à un changement important et radical (ex. : réforme agraire, financière, universitaire, etc.). Il a donc pu abuser des lecteurs pres-

1. Définition du *Petit Robert*.

sés qui, s'ils avaient lu le texte du rapport[1], se seraient vite rendu compte que la réforme n'était qu'une très menue réformette. Mais mieux vaut éviter tout risque d'ambiguïté.

• Le mot *rectification* était encore plus dangereux, car il signifie « action de faire disparaître en corrigeant[2] ». Il pouvait donc laisser croire à une mesure interdisant impérativement l'usage préexistant et menant de toute évidence au stalinisme. Comme il ne faut pas rire avec ces choses-là, on ne peut que se réjouir de la... rectification. Va donc pour *recommandation*. On ne saurait trop peser ses mots.

1. On remarquera que le rapport du CSLF ne parle pas de réforme.
2. Définition du *Petit Robert*.

36

Il y a plus grave : l'Académie déclare qu'« il y a avantage à ce que lesdites recommandations ne soient pas mises en application par voie impérative et notamment par circulaire ministérielle ». En clair, cela veut dire que les ministères de l'Éducation nationale des pays francophones ne relaieront pas les « recommandations »...

... qu'elles ne paraitront pas dans le *BOEN* (*Bulletin officiel de l'Éducation nationale*[1]), qu'elles resteront donc lettre morte pour les enseignants, donc pour les élèves, et hop ! le tour est joué... A première vue, le scénario parait bien monté, car on sait que les enseignants éprouvent – à juste titre – un respect religieux pour le *BOEN* et qu'ils veillent autant qu'ils le peuvent à s'y conformer.

Mais attention ! Et là je demande aux enseignants

1. Ou l'équivalent de cette publication pour les autres pays francophones.

d'être très vigilants : le *BOEN*, c'est-à-dire le Ministère, ne légifère que sur les programmes et les sanctions, non sur la nature des choses à enseigner. Il ne dit pas 2 + 2 = 4, mais **quand** il faut apprendre 2 + 2 = 4. Il considère que la question de savoir si 2 + 2 font 4 ou font 5 ne relève pas de lui mais des mathématiciens. Et pour l'orthographe il en est de même : il peut ordonner tel ou tel type de notation, éventuellement tel ou tel type de pédagogie (dictée préparée par exemple), mais, pour ce qui est de la *substance* de l'orthographe, nous l'avons vu, sa doctrine a toujours été de s'en remettre à l'opinion de l'Académie. Et c'est pour cela que, si un enseignant se pose un problème d'orthographe, ce n'est pas le Ministère qu'il consulte, ce n'est pas un *BOEN* qu'il feuillète, c'est un dictionnaire, que ce soit celui de l'Académie ou ceux qui en sont le reflet (Larousse, Robert).

La règle générale est donc que le ministère de l'Éducation n'a pas à publier de textes relatifs à l'opinion de l'Académie sur l'orthographe. Parce que, pour lui, l'opinion de l'Académie vaut loi. Il ne sort de sa réserve que s'il souhaite se démarquer de l'Académie – comme il l'a fait deux fois avec l'extrême discrétion que l'on sait (voir p. 82).

Dans le cas présent, cela signifie qu'on n'a donc absolument aucune raison de s'attendre à ce que le ministre de l'Éducation publie une quelconque circulaire sur les nouvelles recommandations orthographiques... sauf s'il voulait entrer en conflit avec l'Académie. Hypothèse rocambolesque... S'il ne publie rien, son silence ne peut en aucune manière être interprété comme une réticence à l'égard de ces recommandations, encore moins comme un refus de les appliquer.

Concrètement, pour les enseignants comme pour les élèves, cela signifie que, depuis l'avis de l'Académie (17 janvier 1991), ce qui fait foi en cette matière, c'est que :

1. Les nouvelles orthographes proposées sont non seulement tolérées, mais approuvées par l'Académie française. Ce qui s'enseigne, c'est ce qu'approuve l'Académie.

2. Les anciennes orthographes restent « d'usage ». Elles ne doivent donc pas être pénalisées.

37

Le lièvre et le greffier

L'Académie souhaite que les nouvelles recommandations « soient mises à l'épreuve du temps » (voir p. 179). N'est-ce pas un piège – et la promesse d'un enterrement ?

Non, c'est un faux piège, et ce sont ceux qui croient que c'est un piège qui se font piéger. Cela parait compliqué, mais en fait c'est assez simple.

Pour comprendre, il faut d'abord connaitre un fait généralement ignoré : en 1975, l'Académie avait réalisé une petite réforme de l'orthographe. Mais, comme aucune publicité ne lui a été donnée, pratiquement personne n'en a jamais rien su. En 1987, constatant que ses propositions n'étaient pas passées dans l'usage, l'Académie considéra gravement que personne n'en voulait. Sans se vexer, elle décida donc de les annuler...

C'est évidemment ce petit tour de passe-passe que certains voudraient voir rejouer. Et ils peuvent pavoiser parce qu'on a l'air de le leur promettre. Et c'est là qu'ils tombent dans le piège. Tout simplement parce que les conditions ont changé : en 1975 et en 1987, l'activité de l'Académie s'est déroulée dans l'intimité très stricte et très feutrée du quai de Conti. On était entre soi et l'on pouvait jouer à un petit jeu pervers sans que les populations s'émussent... Mais, à présent, le débat de l'orthographe est sur la place publique.

En 1987, personne n'a songé à demander pourquoi les recommandations de l'Académie n'avaient pas été largement diffusées depuis 1975 ; personne n'a songé non plus que si l'usage n'avait pas été suivi, c'était par manque d'information et qu'il était peut-être encore temps de faire quelque chose. Désormais, ce scénario est éventé. Il est peu glorieux. S'il était répété, l'Académie y perdrait son crédit...

Mais ce n'est pas tout. Si l'on y regarde bien, on lève un superbe lièvre ! Qu'on en juge : l'Académie se veut le « greffier de l'usage ». Elle annule donc sa réforme puisqu'elle constate qu'elle n'est pas passée dans l'usage. Mais quel usage ? L'usage de qui ? Le vôtre, le mien, celui de ma boulangère ? Non, celui des livres et des imprimés – c'est-à-dire, en fin de compte, celui des typographes. Or, les typographes suivent sans exception l'usage de l'Académie. Comme l'Académie n'a pas diffusé sa réforme, les typographes suivent l'usage ancien de l'Académie. Moyennant quoi, l'Académie découvre que l'usage n'a pas suivi.

On tourne en rond parce qu'on se garde bien de

définir clairement ce qu'on entend par usage. Cela pouvait marcher quand les débats restaient très discrets. Mais, désormais, la question va être posée publiquement. Quel est l'usage ? Pourquoi ne serait-ce pas celui du maire de Paris[1] ? Il en vaut bien un autre ! Et pourquoi ne serait-ce pas celui du plus grand nombre ? C'est-à-dire celui des copies de bac, par exemple, et plus encore des copies de brevet. Pourquoi l'Académie ne serait-elle pas le greffier de cet usage-là ?

Si elle l'est – alors inutile d'attendre ! Les nouvelles recommandations sont déjà scrupuleusement suivies par les neuf dixièmes des usagers. L'Académie pourrait donc dès aujourd'hui les confirmer.

Mais – et c'est là que le lièvre devient superbe – c'est que l'usage de ces neuf dixièmes se caractérise par mille fantaisies. Et si l'Académie, greffier de l'usage, se mettait à en tenir compte ? Ce ne sont pas seulement quelques accents circonflexes qui sauteraient ! Alors, à tout prendre, par les temps qui courent, un conservateur avisé devrait bien plutôt faire le gros dos – et la part du feu. Autrement dit, si, dans quelques années, l'Académie juge bon de réexaminer la question, le verdict ne fait guère de doute : elle confirmera les modifications imposées.

1. Le 18 janvier 1991, M. Chirac a fait distribuer aux Parisiens une lettre où figurent quelques lignes de sa main. On constate qu'il a écrit les mots *intérêt* et *vôtre* sans accent circonflexe.

38

Il a beaucoup été question des linguistes dans cette affaire...

Oui, et de façon aussi venimeuse qu'injustifiée. Des « amoureux des mots » ont cherché à les faire passer pour des technocrates sans cœur, sans âme, sans culture, sans imagination (pardon ! sans « imaginaire ») uniquement préoccupés de rationaliser, d'égaliser, de standardiser, de rentabiliser, et, pour les haïr mieux, certains les ont baptisés « technolinguistes ».

Qu'est-ce que la linguistique ? C'est l'observation émerveillée du langage, et un linguiste est un homme qui consacre toute son existence à cet émerveillement, qui vit avec les mots, pour les mots, par les mots de toutes les langues possibles, de l'hébreu au verlan, du chibcha au sanskrit, du ouolof à l'espéranto ou au breton – toutes –, et qui, inlassablement, médite sur les rapports de l'homme avec les mots. C'est grâce à leurs travaux que l'on connait et que l'on savoure mieux l'histoire, le mystère, la vie des mots et de l'invention qui sert à les noter – l'écriture.

Sur un problème qui met en jeu l'écriture de notre langue, il était donc naturel non seulement que les linguistes s'expriment, mais qu'on les consulte – exactement comme on s'adresse à des géologues ou à des ingénieurs lorsqu'on veut construire un tunnel. Avec une différence toutefois : lorsque les géologues et les ingénieurs parlent, nous autres profanes, nous sommes portés à nous incliner; parce que nous n'y comprenons rien. Tandis que ce que les linguistes disent et écrivent sur l'orthographe est parfaitement limpide et contrôlable pour les non-spécialistes.

Dans le débat, il était donc utile que, preuves à l'appui, ils puissent dire au public : Oui, une réforme est possible, on en a déjà fait en France et à l'étranger; non, la réforme ne change pas la langue; non, l'accent circonflexe n'a pas toujours existé en français; non, l'accord du participe passé avec *avoir* n'est pas une loi de la nature; non, l'Académie n'est pas forcément immobiliste; oui, on peut toucher à ceci, mais si l'on touche à cela, attention ! etc.

D'autre part, dans cette affaire, les linguistes ne travaillaient pas seuls. A supposer qu'ils aient un cœur de pierre insensible à tout esprit de finesse – ce qui reste à démontrer –, ils étaient entourés de non-linguistes nombreux capables à tout moment de contrôler leurs débordements prétendument technocratiques. Parmi ces non-linguistes siégeaient, faut-il le rappeler, les académiciens.

En fin de compte, dans l'élaboration des ajustements orthographiques, la place des linguistes a été à la fois modeste et justifiée. Faire croire qu'ils ont tout fait et, de surcroit, les travestir en technocrates relève de la désinformation.

39

Que pensez-vous du jeu de la dictée de Bernard Pivot ?

Je suis tout à fait pour.

Et cela pour trois raisons :

– D'abord, c'est un jeu. Et, comme l'existence donne suffisamment de motifs de s'ennuyer ou de souffrir, on serait mal venu de dédaigner une aussi noble activité qu'un jeu innocent.

– Ensuite, depuis plusieurs années, ce jeu a contribué à sensibiliser le grand public à l'orthographe et, par là même, à la réforme de l'orthographe. En effet, pour parler de la réforme de l'orthographe, il faut que l'orthographe existe. Or, de nos jours, c'est bien connu, ce qui existe, c'est ce dont on parle à la télé. Donc, si, grâce à Bernard Pivot, on parle de l'orthographe à la télé, c'est que l'orthographe existe. En conséquence, la condition nécessaire à un débat sur l'orthographe et sa réforme est assurée.

– Enfin, ce jeu étale sur tous nos écrans, de la

façon la plus éclatante, la preuve expérimentale que notre orthographe doit être réformée. En effet, imagine-t-on pareil concours en Italie ? En Espagne ? En Allemagne ? Toute personne sachant tenir un stylo serait gagnante : des millions de gagnants ; donc, pas de concours ! Pas de concours, mais une écriture – une invention, rappelons-le – mise à la portée de toute la population. Pour notre langue, le concours n'est possible que parce que seule une petite minorité de gens maitrise complètement l'orthographe, alors que tout le monde devrait pouvoir utiliser l'écriture aussi facilement que les Italiens, les Espagnols ou les Allemands. C'est cela que le concours proclame : « Notre écriture est faite pour que quelques individus se distinguent dans des concours ; elle n'est pas faite pour ce à quoi sert une invention : faciliter la vie du plus grand nombre. »

N. B. Qu'il me soit permis de suggérer à Bernard Pivot une idée pour améliorer son jeu de la dictée. Il pourrait en renouveler l'intérêt (on se lasse de tout !) en proposant aux candidats des textes qu'il faudrait écrire, suivant les années, tantôt dans l'orthographe de Ronsard, tantôt dans celle de Racine, tantôt dans celle de Mme de Sévigné ou de Chateaubriand, etc. Cela donnerait l'occasion aux francophones non seulement de prendre contact directement avec les textes anciens, mais aussi de sentir bien concrètement à quel point l'orthographe est chose fluctuante et donc réformable.

40

N'y a-t-il pas un grand absent dans cette réforme : la « promotion » ?

Malheureusement, oui. Lorsque les instances compétentes ont eu fini de statuer, elles se sont contentées de publier le résultat de leur travail dans une annexe du *Journal officiel.* Si elles avaient fait la « promotion » de leur « produit », elles auraient désamorcé la campagne insensée de décembre 1990 qui présentait de petits ajustements comme une catastrophe nationale. Le public a été affolé parce qu'il n'avait pas sous la main le texte de ces ajustements.

Mais faut-il blâmer ces instances ? Non, car elles sont composées de gens responsables et lucides sachant parfaitement que la réflexion sur l'orthographe n'est pas une des activités primaires du genre humain, fût-il francophone, et que leurs travaux ne méritaient sans doute pas une débauche de publicité – d'autant moins qu'ils n'aboutissaient qu'à des changements réduits et facultatifs. Quelques communiqués de presse et une publication administrative paraissaient, à juste titre, suffisants.

Mais c'était oublier que nous vivons dans un monde médiatique où l'on est écrasé si l'on ne crie pas fort.

41

Quels sont les rapports de la politique et de l'orthographe ?

Si je voulais verser de l'huile sur le feu, je dirais : « Antiréforme = droite ; et, par conséquent, réforme = gauche. » Eh bien, non !

Reportons-nous par exemple au XVIIe siècle. A l'époque, savoir lire et écrire est encore un pouvoir détenu par une minorité et valorisé par ceux qui le possèdent comme par ceux qui en sont privés. Or, un courant vigoureux se dessine, qui désire suivre une orthographe compliquée et très marquée par le latin et le grec que, justement, seuls les lettrés connaissent, une orthographe qui soit un emblème et un mot de passe, et qui, comme le disait Mézeray, « distingue les gens de lettres d'avec les ignorans et les simples femmes ». Quelle magnifique formule pour une droite qui se revendiquerait comme la plus bête du monde !

Alors, les privilégiés contre les déshérités ? Peut-être, mais pas les déshérités contre les privilégiés. Il n'existe chez les déshérités aucun mouvement de pression favorable à la réforme. Pourtant, ce mouvement réformiste existe et il est très puissant – c'est celui qui saura se faire entendre de l'Académie – mais il appartient au même monde que celui de leurs adversaires : celui des privilégiés. En outre, son action relève beaucoup plus de motivations culturelles que de motivations politiques ; elle s'inscrit sans doute en fait dans la fameuse querelle des Anciens et des Modernes[1] et, en l'occurrence, ils sont avec les Modernes.

Plus récemment, le lien entre réforme et politique parait beaucoup plus net : ainsi voit-on, en 1867, le Congrès international des travailleurs, tenu à Lausanne, proclamer que la réforme est une des questions sociales à l'ordre du jour, alors que c'est de la droite que vient l'opposition à la réforme : celle de 1893 a capoté à la suite d'une campagne menée par le duc d'Aumale dans *Le Figaro* – qui n'est pas précisément un journal de gauche ; et, plus tard, c'est encore *Le Figaro* qui fait avorter le projet de réforme Beslais (1952). Seulement, il faut immédiatement ajouter que le ministre de l'Éducation qui avait parrainé et appuyé ce projet était de droite. Et il faut dire aussi que, dans cette affaire, la gauche est restée bien silencieuse.

Ces temps derniers, enfin, le lien entre politique et orthographe s'est encore plus distendu. Il est vrai que

1. Voir p. 60.

la question de la réforme est revenue à l'ordre du jour essentiellement à l'instigation du Syndicat national des instituteurs – qui, lui, n'est pas de droite ; que l'actuel gouvernement – qui est de gauche – n'a pas fait obstacle à la réforme ; et que des publications, qui ne sont pas de droite non plus, ont pris parti pour elle plus ou moins énergiquement. Mais on ne doit pas oublier que si la partie a été gagnée, c'est en fin de compte grâce à l'Académie, qui n'a jamais passé pour un soviet particulièrement révolutionnaire... En revanche, le Parti communiste est resté prudent, tandis que des gens réputés de gauche se sont engagés contre la réforme avec une virulence et un souci de l'inexactitude à faire panteler de jalousie le duc d'Aumale et toute la réaction.

Tout cela signifierait donc que la réforme de l'orthographe n'a pas de couleur politique – pas plus que l'antiréforme. Serait-elle donc apolitique – un peu comme (on peut le supposer) la préférence pour les brunes ou pour les blondes ?

Peut-être moins qu'on pourrait le croire. N'oublions pas, en effet, que l'orthographe cause des tourments à bien des gens et qu'elle nous pose donc un problème de solidarité, c'est-à-dire, finalement, un problème politique : ou bien on fait preuve de solidarité à l'égard des victimes du système ; ou bien on détourne la tête. Les partisans de la réforme de l'orthographe choisissent la solidarité ; les adversaires détournent la tête. Dans les deux cas, c'est une attitude politique. Qui définit peut-être mieux le profil d'un homme que les étiquettes traditionnelles.

42

La réforme de l'orthographe va introduire une règlementation supplémentaire. Alors que nous sommes déjà submergés de règlements en tous genres !

Admirons la puissance du raisonnement :

1. L'orthographe est une règlementation.
2. La réforme dit : « On allège la règlementation. »
3. Or, la mesure qui allège une règlementation est une nouvelle règlementation.
4. Cela fait donc deux règlementations au lieu d'une.
5. (Facultatif, mais on a entendu cela) Par conséquent, c'est le goulag.

Cela ne vous rappelle pas l'histoire de ce prisonnier condamné à vingt ans de prison ? Un deuxième jugement intervient et on lui annonce que sa peine est réduite à dix ans. Il fond en larmes parce que, n'est-ce pas, le deuxième jugement (dix ans) s'ajoute au premier (vingt ans). Total : trente ans...

43

Dans la vie quotidienne, quels changements vont entrainer les nouvelles recommandations orthographiques ?

C'est très simple :

– ou bien vous appliquez ces recommandations et vous écrivez par exemple *apparaitre* sans circonflexe ;

– ou bien vous ne changez rien à vos habitudes et vous écrivez *apparaître* si vous en avez le désir.

Un point c'est tout. Tout au plus peut-on vous demander de ne pas faire les gros yeux lorsque vous lirez la forme qui n'est pas celle que vous préférez...

44

Et à l'école, comment ça va se passer ?

Tout aussi simplement.

Pour les élèves, pas de problème. Ils écrivent (par exemple) *apparaitre* ou *apparaître*. Aucune des deux formes ne peut être considérée comme une faute : la tolérance est de rigueur, exactement comme dans le cas de *clé*/*clef*.

Pour les enseignants, pas de problème de notation – pour la même raison. Mais que doivent-ils enseigner ?

La réponse est catégorique : en matière d'orthographe, la référence est l'opinion de l'Académie. Or, en l'occurrence, l'Académie approuve *apparaitre*, mais tolère *apparaître*.

Dans ces conditions, il parait raisonnable d'enseigner par priorité ce qu'approuve l'Académie et, secondairement, de signaler ce qu'elle tolère. Et cela, bien entendu, en fonction de l'âge et du niveau des élèves : ainsi, mieux vaut sans doute n'enseigner que *apparaitre* au cours préparatoire ; alors qu'on peut et même qu'on doit introduire les deux formes à un niveau plus élevé – ne serait-ce que parce que, les manuels étant encore rédigés en orthographe ancienne, il faudra répondre aux questions qui ne manqueront pas de fuser.

Ce peut être l'occasion, soulignons-le, de faire réfléchir les enfants à l'écriture et à son histoire dans notre langue, toujours en fonction de leur maturité.

45

Cette possibilité de choix entre deux formes écrites ne risque-t-elle pas de perturber les enfants – et même les adultes ?

D'abord, à supposer que le risque existe, il serait fort limité, car, rappelons-le, le récent ajustement de l'orthographe reste extrêmement modéré.

Ensuite, il n'est même pas prouvé que la possibilité de choix perturbe les enfants. Après tout, il leur arrive bien d'entendre deux prononciations (ou plus) du même mot sans en souffrir outre mesure ; ils se disent alors : « Il dit *sôleil* parce qu'il vient du Midi, et moi je dis *solleil* parce que je suis du Nord » ; ou « Chez nous, au Canada, on prononce *pet*^{s}*it*, mais à la radio il y a des gens qui prononcent *petit* comme à Paris » – et le tour est joué. Même chose avec l'écriture : les uns écrivent droit, d'autres penché ; vous attachez les lettres ou vous les séparez ; vous faites de grandes ou de petites boucles, etc. –, et l'on n'y prête aucune attention. Et, dans le domaine de l'orthographe proprement dit, n'oublions pas qu'on trouve déjà :

clé / clef
cuiller / cuillère
fantasme / phantasme
pivert / pic-vert
Ils payent / ils paient
etc.

Donc, aucune raison de s'affoler. Au contraire, toute cette variété fournit l'occasion de s'habituer à la diversité et de se former à une grande vertu : la tolérance.

46

En misant sur l'Académie française, ne risquez-vous pas d'être accusé de francocentrisme ?

Ce qu'il faut, c'est que quelque chose se fasse.

Tous les francophones ont bien sûr leur mot à dire, et les Français n'ont pas à donner de leçons. Si les Belges, les Canadiens, les Haïtiens ou les Suisses avancent, je suis prêt à les suivre. En l'occurrence, il apparait que le système mis en place en France a fait la preuve de son efficacité dans un passé lointain et dans un passé récent ; pourquoi ne pas l'appuyer et ne pas miser sur l'Académie, d'autant plus qu'elle présente l'avantage d'être universellement et depuis longtemps respectée, et de pouvoir se tenir éloignée des aléas de la politique? Rappelons, en outre, que l'Académie n'a pas décidé seule des récentes recommandations : elles ont aussi été élaborées par des instances où ne siégeaient pas que des Français[1]. Mais il

1. Au Conseil supérieur de la langue française siègent des ressortissants du Québec, de la Belgique, de la Suisse, du Maroc.

est vrai qu'on peut regretter que l'instance suprême ne soit, elle, composée que de Français.

De toute façon, il reste que, si les francophones non français ne sont pas satisfaits, rien ne les empêche de prendre les affaires en main. Après tout, les Américains anglophones l'ont bien fait, eux qui écrivent *honor, glamor, center*, etc., ce que les Britanniques notent *honour, glamour, centre*...

47

Que vont faire les gens du livre ?

On les oublie trop souvent. Et pourtant ils détiennent un pouvoir important, puisque tout ce qui est imprimé passe au dernier moment entre leurs mains ; ils peuvent donc, à la limite, appliquer l'orthographe qu'ils veulent et donc bloquer une réforme – ou, au contraire, en instaurer une. Ils pourraient même, notons-le bien, intervenir aussi dans le domaine du vocabulaire et de la syntaxe.

Mais ce sont des gens responsables. Au nom de la liberté d'expression, ils se sont donné comme règle de s'effacer devant l'auteur. Pour ce qui est de l'orthographe, sauf avis précis de l'auteur, ils corrigent le texte en fonction des opinions de l'Académie. Il n'en a pas toujours été de même, et c'est seulement à partir du siècle dernier que les gens de l'imprimerie ont adopté cette habitude non par esprit de soumission, mais par souci du bien public. Ils ont opté pour l'arbitrage d'une institution respectée.

Dans ces conditions, peut-on leur suggérer de ne pas empêcher le réveil de l'Académie ? Plus généralement, peut-on leur demander d'envisager l'avenir dans l'esprit de leurs ancêtres ? Ce sont les gens du livre qui, jadis, ont contribué à faire bouger l'orthographe, les Plantin, les Tory, les de Tournes, sans oublier Étienne Dolet. Pourquoi, en collaboration avec les auteurs et la presse, ne resteraient-ils pas sur cette prestigieuse lancée, non pas les gardiens d'un ordre à jamais établi, mais ceux par qui l'écriture vit[1] ?

1. A cet égard, on méditera avec intérêt la courageuse expérience du mensuel *Actuel* qui a publié un numéro entier dans une orthographe réformée (nº 124, octobre 1989). Signalons aussi le livre du Syndicat des correcteurs : *Trait d'union, Anomalies, etc.*, Paris, 1991.

48

L'aménagement de l'orthographe peut-il s'intégrer dans le mouvement de défense de la langue française ?

Oui, mais, pour s'en rendre compte, il faut d'abord faire un détour. Rappelons que le français a occupé pendant trois siècles (du XVIIe au XIXe siècle) une place centrale en Europe et même dans le monde entier. Il a depuis été évincé par l'anglais, et certains le jugent menacé parce qu'il risque soit d'être étouffé par l'anglo-américain, soit même d'être dévasté de l'intérieur par une invasion de mots anglais. Des organismes comme les commissions ministérielles de terminologie ont donc été créés pour défendre le rayonnement du français et pour protéger le tissu même de la langue. Ils pratiquent en quelque sorte une écologie du langage.

Ils peuvent être efficaces dans deux cas au moins :

• Lorsque des techniciens se trouvent amenés à désigner dans une langue étrangère une réalité (de l'informatique par exemple) que les circonstances ne leur permettent pas, même s'ils le voulaient, d'exprimer en français. Dans ce cas, l'existence de lexiques préparés par des spécialistes peut se révéler précieuse.

• Parfois aussi, les mots étrangers nous sont assénés par des snobs : ainsi tel journaliste décrète que ce qu'il pourrait nommer Koweitville sera Koweit-City et que ses habitants seront des Koweitis et non des Koweitiens. Les exemples fourmillent. Ici encore, pour ceux qui ne veulent pas s'en laisser imposer, il peut être commode de disposer de listes d'équivalences et d'une institution s'efforçant d'endiguer la prétention.

Venons-en maintenant au domaine de l'orthographe. Ces organismes pourraient intervenir dans deux cas :

• Celui des emprunts à l'anglais. L'orthographe anglaise est particulièrement imprévisible, et la multiplication de mots anglais en français avec leur orthographe originelle risque donc d'accroitre le désordre de notre orthographe. C'est pourquoi il est très judicieux d'écrire à la française *fioul, rosbif, gazole, mildiou, conteneur*; dommage que *bifteck* ait été affublé de ce *-ck* !

• Celui des emprunts à d'autres langues. Dans ce domaine, l'expérience apprend que nous avons été et que nous sommes encore les victimes de snobs et de pervers. Ainsi, prenons le mot d'origine arabe *razzia* (et son synonyme plus rare *rezzou*). Il est apparu en France au siècle dernier, lancé sans doute par quelqu'un qui faisait celui qui sait et qu'on a cru sur parole : s'il écrivait le mot avec deux *z*, c'est bien sûr, pensez donc, que ça devait correspondre à quelque chose en arabe ! Seulement, voilà, en arabe, il n'y a qu'un *z* et vous continuez à en mettre deux uniquement parce qu'un original aimait se compliquer la vie. Certains vont même jusqu'à s'appliquer à prononcer radzia – comme si c'était de l'italien...

Même scénario avec les Kabyles qu'il aurait été plus simple de nommer Cabiles. Et que dire du *té* et du *rum* qu'on nous oblige à absorber avec ces *h* inexistants dans la langue d'origine ? Et l'*isberg* venu de l'islandais (*is* = glace), mais qu'on a cru bon d'écrire à l'anglaise et que, du coup, de braves gens s'efforcent d'articuler aïce-berg... Et la *Tora* devenant *Thora* ou même *Thorah*, et le *yidiche* qu'on s'obstine à écrire à l'allemande *yiddisch* (ou à l'anglaise : *yiddish*), etc.

Il n'y a aucune raison de penser que le snobisme et l'enflure sont en voie d'extinction. Lorsqu'il s'agit de mots rares, le mal reste limité, mais sait-on jamais si un mot exotique ne va pas devenir courant demain, comme justement le thé, le rhum ou le haschisch ? Il serait donc souhaitable que des instances compétentes nous préservent systématiquement de toutes ces bouffissures.

On voit donc que les organismes de défense du français peuvent être amenés à s'occuper d'orthographe et à collaborer avec les réformateurs. Entre l'écologie de la langue et l'écologie de l'écriture, l'alliance est naturelle.

49

Les écrivains

Jadis, et même naguère, de nombreux écrivains se montraient favorables à une réforme de l'orthographe. De nos jours, le plus souvent, ou bien l'orthographe leur est indifférente ou bien ils s'enferment dans un immobilisme académique – au besoin contre l'Académie. On comprend mal pourquoi ils n'éprouvent plus le sentiment qu'il leur appartient à eux, aux hommes de *lettres*, non seulement de défendre et d'illustrer notre langue, mais aussi, comme leurs ancêtres, de modeler et de parfaire leur outil de travail, l'écriture. Jugeraient-ils indigne de siéger avec ces réformistes convaincus que furent Ronsard, Corneille, Voltaire, Sainte-Beuve, Valéry ou Queneau ?

50

Quelles sont les conséquences de la réforme ?

Les modifications orthographiques, on le voit bien (voir p. 135 s.), sont extrêmement réduites. Les nouveaux usages ne bouleversent pas le paysage, mais ces quelques aménagements desserrent un petit peu l'étau. Ce n'est pas énorme, mais, après tout, il faut se dire que tout ce qui est donné est bon à prendre...

Mais ce qui est peut-être plus important, c'est que probablement plus rien ne sera jamais comme avant. Jusqu'ici, pour la plupart des gens, l'orthographe représentait une réalité intouchable qu'il fallait bien prendre comme elle était, qu'on l'aime ou qu'on la déteste, un peu comme le soleil ou la pluie. Or, à présent, le public peut se rendre compte que non seulement on peut en débattre, mais qu'on a pu et qu'on peut encore avoir barre sur cette réalité, qu'on peut la gérer. Par là même, son pouvoir redoutable et son caractère pour ainsi dire sacré peuvent s'en trouver amoindris. D'autant plus que le public sait maintenant que ceux qu'on croyait les gardiens du temple de l'orthographe, les instituteurs comme les académiciens, ne sont pas les derniers à la contester. Il pourrait en résulter – et il faudrait s'en réjouir – que l'orthographe soit un peu moins prise au sérieux et qu'on en vienne à l'envisager de la même façon que n'importe quel problème d'environnement.

Nouveau regard sur l'orthographe, donc, mais aussi peut-être nouveau regard sur la réforme. Naguère encore, on nous la présentait comme une utopie ou un massacre. Aujourd'hui, on la voit, on la touche et l'on peut constater que ces évocations d'apocalypse n'étaient que fantasmes – ou désinformation. On perçoit concrètement d'abord que cette réforme est possible, ensuite qu'elle ne met en danger ni la langue française ni le patrimoine culturel, qu'elle ne gêne en rien l'accès aux textes écrits dans l'orthographe jusqu'ici d'usage, qu'elle ne violente personne.

Il ne serait donc pas surprenant que de plus en plus de gens en viennent à dire : « Si une réforme de l'orthographe, ce n'est que cela, bravo ! Et à quand la prochaine ? »

Pour ne pas conclure

Comment voyez-vous l'avenir ?

D'abord, il faut veiller à ce que les récentes recommandations de l'Académie passent effectivement dans l'usage. Il convient donc que chacun d'entre nous les mette scrupuleusement en pratique. Il convient aussi d'informer, d'informer sans relâche et, bien entendu, de s'opposer aux manœuvres hostiles.

Ensuite, il faut être lucide : les récents aménagements apportent un peu d'oxygène, mais le problème de l'orthographe reste entier avec toutes ses conséquences malheureuses. Redisons-le : il n'est pas tragique, mais il faut qu'il soit réglé. Dans ce domaine, l'avenir appartient aux Immortels. Et à nous tous, francophones.

Aux Immortels, parce que, désormais, l'Académie est remise en selle. Après un siècle de coma, la Belle au bois dormant s'est réveillée. Elle a repris en main le problème de l'orthographe dans le style qui a toujours été le sien, c'est-à-dire en tenant compte de l'usage, et l'on ne voit pas pourquoi cette digne institution ne poursuivrait pas cette digne entreprise en collaboration avec tous les francophones. Elle le pourra d'autant mieux et d'autant plus vite qu'elle peut s'appuyer sur les acquis du monde moderne, que ce soient les recherches des linguistes, l'expérience et la réflexion des pédagogues et des typographes ou les services de l'informatique et aussi des médias.

A nous tous, parce que cette entreprise relève de l'intérêt général ; il s'agit de la gestion d'une invention merveilleuse qui appartient à tous : l'écriture. Les académiciens doivent s'y consacrer pour notre bien. C'est une responsabilité. Elle exige compétence et attention, et suppose en particulier que la notion d'usage soit clairement définie et non plus escamotée par une pirouette. Nous devons donc veiller à ce que l'Académie ne s'endorme pas, mais aussi à ce qu'on ne l'endorme pas par d'étranges intrigues et à ce qu'on ne nous endorme pas dans une congélation égoïste et boudeuse. Au nom de la tolérance, de la simplicité, de la rigueur et surtout de la solidarité, nous devons encore et toujours rappeler et nous rappeler que l'écriture est faite pour l'homme et non l'homme pour l'écriture.

IV

Les recommandations du CSLF approuvées par l'Académie

L'essentiel

Peut-on résumer en moins de dix secondes les nouvelles recommandations de l'Académie française ?

On le peut :

On admet désormais quelques tolérances dans l'emploi des accents. Le reste n'est que broutille.

Est-ce exagérément simplifié ? Il est vrai que, si on se rapporte au texte des recommandations (voir p. 162), on découvre des listes imposantes. Mais il ne faut pas se laisser impressionner : il s'agit d'un texte officiel qui, malgré un remarquable effort pédagogique, ne peut faire autrement que d'énumérer toutes les dispositions nouvelles quelles qu'elles soient. Il accorde donc à l'emploi de l'accent circonflexe, qui met en jeu des mots que vous utilisez tous les jours, comme *connait, apparait, couter*, etc., autant de place qu'à des simplifications d'anomalies concernant des mots comme *sorgo* ou *nénufar* qu'on peut rester toute une vie sans jamais écrire.

Mais, si l'on tient compte des répercussions des recommandations dans l'usage quotidien, le résumé ci-dessus est exact – ce qui n'empêche évidemment pas de prendre connaissance du texte complet.

Tableau des recommandations

Ce qui suit est un énoncé abrégé.
Le texte complet se trouve p. 162 s.

1. L'essentiel

On n'est plus obligé de mettre l'accent circonflexe sur *i* et *u*, sauf pour distinguer des homonymes.

2. Le reste

• *Les mots composés :*
– ajustement dans l'usage du trait d'union ;
– ajustement dans la formation du pluriel.

• *Participe passé :* il sera invariable dans le cas de *laisser* suivi d'un infinitif (ex. : elle s'est laissé mourir).

• *Les verbes* en *-eler* et *-eter* se conjugueront sur le modèle de *peler* et *acheter*.

• *Diverses anomalies :*

– mots empruntés : pour l'accentuation et le pluriel, ils suivront les règles des mots français ;

– séries désaccordées : certaines seront harmonisées (ex. : *charriot* comme *charrue*).

Principes directeurs

Ce programme reprend celui que propose l'Association AIROE[1] en le modérant sensiblement. Comme lui, il admet que ce qui doit être ajusté, c'est la partie de l'orthographe qui n'obéit pas à une cohérence ; que ces incohérences elles-mêmes ne doivent pas être traitées d'un seul coup et que toute réforme doit donc rester modérée ; que les incohérences qui doivent être envisagées par priorité sont celles dont on a remarqué qu'elles gênent le plus les usagers. Les cinq points retenus aussi bien par le CSLF que par l'AIROE sont ceux qui, statistiquement, donnent lieu au plus grand nombre de « fautes ».

Nous les envisagerons l'un après l'autre en essayant de montrer dans chaque cas quelle a été la démarche des réformateurs.

1. Association pour l'information et la recherche sur l'orthographe et les systèmes d'écriture (41, cours Marigny, 94300 Vincennes).

L'accent circonflexe

(voir II. 4, p. 162)

Ce n'est qu'au XVIe siècle que les accents ont été inventés et, jusque-là, on était fort embarrassé pour noter la différence entre *parle* et *parlé*. Le stratagème était ingénieux, mais il a mis près de deux siècles à s'implanter, et sa mise en œuvre s'est faite avec une certaine incohérence, en particulier pour ce qui est de l'accent circonflexe.

L'accent circonflexe peut exercer deux rôles : étymologique et phonétique.

• *Rôle étymologique*

Il peut tenir la place d'une lettre disparue, comme dans *mêler* (pour *mesler*), *côte* (pour *coste*), *bâiller* (pour *baailler*), *châlit* (pour *chaelit*), *chaîne* (pour *chaeine*), etc.

Cet usage est-il utile ? Si l'on répond « oui », il faut en admettre les conséquences : il faudrait l'étendre à tous les cas où une lettre anciennement prononcée a disparu – comme, par exemple, dans *chaque* (qui vient de *chasque*), *moutarde* (de *moustarde*), *coutume* (de *coustume*), mais aussi dans *maison* (car il faudrait rappeler le *n* de *mansion*), malin (de *malignus*), *quarante* (de *quadraginta*) et, de fil en aiguille, dans une bonne moitié du vocabulaire français. L'absurde...

• *Rôle phonétique*

Il peut servir à noter une différence de prononciation des voyelles :

– le *â* fermé de *pâte* est distinct du *a* ouvert de *face* ;

– le *ô* fermé de *côte* est distinct du *o* ouvert de *bol* ;

– le *ê* ouvert de *mêle* est distinct du *é* fermé de *thé*.

N. B. Lorsqu'il est placé sur les lettres *i* et *u*, l'accent circonflexe n'introduit jamais aucune différence de prononciation : le *î* de *abîme* se prononce comme celui de *cime* ; le *û* de *bûche* comme celui de *huche* ; le *oû* de *voûte* comme celui de *route*.

On remarquera d'abord que les distinctions de prononciation indiquées par le circonflexe ne sont pas réalisées dans toute la francophonie : on trouverait des usages fort différents en particulier dans le Midi de la France ; d'autre part, les nouvelles générations ne respectent plus les oppositions (surtout dans certaines positions) et font rimer *théâtre* avec *quatre*, disent *méler* (mais continuent à dire *mêlais*). On ne voit pas pourquoi les Parisiens et les gens d'âge dicteraient leur usage aux autres.

D'autre part, même dans le domaine où se font encore les distinctions notées par le circonflexe, règne une complète incohérence. On écrit :

pôle et *cône*, mais *atome* et *zone ;*
mât et *bât*, mais *rat* et *chat ;*
chaîne et *traîne*, mais *haine* et *saine ;*
etc.

Autrement dit, l'emploi du circonflexe n'est pas fiable et il n'est pas non plus indispensable puisque, de toute façon, même sans accent on prononce *atome* comme *atôme*... du moins à Paris.

Ainsi, puisque l'accent circonflexe ne sert à rien et qu'il est l'une des sources principales d'erreurs, l'Association AIROE demande sa suppression pure et simple – sauf, bien entendu, en cas d'homonymie (du type *tâche/tache*). Le Conseil supérieur de la langue française a préféré limiter la réforme aux lettres *i* et *u*, pour lesquelles l'accent circonflexe n'indique jamais une distinction de prononciation.

Anomalies

(voir II. 3, p. 162 et III. 4. 13, p. 167 s.)

Sur ce point, inutile de s'étendre, car les anomalies parlent d'elles-mêmes, et les ajustements proposés tout autant. On se contentera donc de renvoyer au texte, qui est très explicite. Signalons seulement qu'il est dommage que la simplicité ne l'ait pas toujours emporté : le cha*r*iot aurait pu entrainer la cha*r*ue, alors que c'est la cha*rr*ue qui a entrainé le cha*rr*iot.

Les lettres doubles

(voir II. 5, p. 163)

Les redoublements de lettres sont extrêmement fréquents en français et ils constituent aussi l'un des principaux facteurs d'erreurs. C'est donc par priorité sur ce domaine que doivent se porter les regards des réformateurs. On pourrait bien souhaiter simplifier d'un seul coup toutes les lettres doubles, mais l'ampleur de la réforme risquerait fort de choquer le public.

Il a donc paru plus avisé d'avancer à petits pas. Moins audacieux que l'AIROE, le Conseil supérieur de la langue française n'a recommandé que la régularisation des verbes en *-eler* et *-eter*.

Ces verbes peuvent en effet suivre deux modèles de conjugaison : celui de *modeler/il mod**è**le* ou celui de *ruisseler/il ruiss**elle***. Beaucoup d'usagers seraient bien en peine de situer *chanceler, panteler, marteler, empaqueter, haleter, ciseler, amonceler, craqueler, niveler, ensorceler*, etc. Et les dictionnaires ne sont pas toujours d'accord entre eux. Il a donc été décidé que, désormais, tous les verbes en *-eler* et *-eter* pourraient être conjugués comme *modeler*. Ainsi, non seulement le doute est levé, mais ces verbes se trouvent par là même alignés sur le modèle général, c'est-à-dire la conjugaison des verbes comme *lever* (caractérisés par l'alternance *e/è*).

Quel dommage que la simplification ait été assortie d'une exception : celle de *appeler* et *jeter* (et leurs dérivés), qui continuent donc à se conjuguer comme avant. Ici encore, l'Académie a craint de choquer le public en touchant à des mots très fréquents.

Les états d'âme des mots composés

(voir II. 1. 2 ; III. 1 2. 3, p. 162 à 167)

Les rubriques 1 et 2 relatives au trait d'union et au pluriel des noms composés relèvent en fait d'un même problème fort irritant, celui du statut des mots composés.

En gros, il existe deux sortes de mots en français : d'une part, ceux comme *chat, chien, lapin, carotte* ou *navet*, qui sont bien simples et bien carrés, d'un seul bloc, comme des cubes ; et, d'autre part, ceux comme *timbre-poste*, *chien-loup* et *pomme de terre*, qui sont formés de deux blocs et parfois trois. Ce sont les mots composés et ce sont eux qui ont des états d'âme.

D'abord, ils racontent leur vie ; contrairement aux mots simples dont on ne connait pas le passé à moins d'être un spécialiste, ils affichent leur origine : au premier coup d'œil, on voit qu'un *timbre-poste* est un « timbre vendu par la poste », qu'un *chien-loup* est un « chien qui ressemble à un loup », etc.

Ensuite, ils ont une double vie ; en effet, justement

parce que leur origine est claire, ils ont tendance à garder un lien avec les mots qui les composent : ainsi, je vais mettre un couvre-*pied(s)* parce que j'ai froid aux *pieds* ; mais, en même temps, ils ont le même comportement que les mots simples : j'ai choisi de mettre un couvre-pied plutôt qu'un plaid ou une couette, mais les trois objets sont sur le même plan et, *grammaticalement*, ils se conduisent de la même façon, c'est-à-dire qu'ils sont interchangeables ; lorsque je dis « je mets un gros couvre-pied rouge » ou « je mets un gros plaid rouge », le fonctionnement de la phrase reste absolument le même.

Voilà donc nos mots composés tiraillés entre la nostalgie de la liaison très libre et l'aspiration à la vie rangée. Certains sont bohèmes et d'autres bourgeois, mais d'autres encore hésitent, et c'est précisément l'orthographe qui témoigne de cette incertitude, soit par la façon dont est formé le pluriel, soit par l'usage – ou l'absence – de trait d'union.

A un bout, on trouve sans trait d'union la *pomme de terre*, dont le pluriel est *pommes de terre*, car il s'agit bien sûr de *pommes* dont on veut préciser la provenance ; on a de même *compte(s) rendu(s), chemin(s) de fer, fille(s) de joie*, etc.

A l'autre bout, c'est le *pissenlit* sans trait d'union non plus, mais avec soudure de tous les éléments et un pluriel très banalement formé avec un *-s* comme dans *carottes* et *navets*. Ici, personne ne songe plus guère à l'origine du mot, sinon on écrirait des *pisse en lit* (sans *-s* !) : le mot mène désormais une vie rangée – tout comme les *gendarmes* (gens d'armes) auxquels il faut associer le *vinaigre* et le *chiendent*, mais aussi les *vauriens* sans oublier la *culbute*, dont seuls les étymologistes et quelques obsédés remarquent l'origine.

Mais, entre le pissenlit et la pomme de terre, on trouve le *chou-fleur*, dont les éléments sont unis par un trait d'union : il garde encore un lien avec son origine, mais le trait d'union souligne qu'il constitue bien un bloc – moins, cependant, que dans le cas de *pissenlit*.

Et pour compliquer les choses, parmi les mots à trait d'union, on distingue ceux du type *(un) cure-ongles*, où *ongles* est au pluriel parce que l'on sent (ou du moins certains disent-ils qu'ils sentent) qu'un cure-ongles ne sert pas à curer *un* ongle mais des *ongles*, et ceux du type *(un) cure-dent* où *dent* est au singulier, bien qu'un *cure-dent* ne serve pas à curer une seule dent; ce n'est qu'au pluriel qu'on retrouvera l'*s* que suppose l'usage de ce petit instrument; nous avons donc affaire à un mot composé dont on forme le singulier et le pluriel sur le modèle des mots simples : le *cure-dent* est en quelque sorte plus rangé, moins bohème que le *cure-ongles*, plus proche des gendarmes que de la fille de joie.

Seulement, voilà, comme on peut s'y attendre, tout ce jeu se déroule dans la plus grande fantaisie. La dissymétrie entre *cure-ongles* et *cure-dent* n'est pas isolée; en effet, il faut[1] écrire :

1. Si l'on suit l'orthographe du dictionnaire Robert. *N. B.* Tous les dictionnaires ne sont pas d'accord entre eux.

un essuie-meubles, mais *un garde-meuble*
des après-dîners, mais *des après-midi*
un gobe-mouches, mais *un chasse-mouche*
un chauffe-plats, mais *un passe-plat*
un chauffe-pieds, mais *un cale-pied*
puisque, mais *parce que*
surpopulation, mais *sous-développement*
surhomme, mais *sous-homme*
portemanteau, mais *porte-parapluies*
portefeuille, mais *porte-monnaie*
contrepoison, mais *contre-terrorisme*
contredire, mais *contre-manifester*
entrepont, mais *entre-jambes*[1]
face à face, mais *vis-à-vis*
etc.

Nous pataugeons donc en pleine folie. Et cela suggère deux réflexions :

1. On ne peut pas réduire le comportement des mots composés à la logique. Si l'on prétend gravement : « On écrit *le cure-ongles* avec un *-s* **parce qu'**il sert à curer *plusieurs* ongles », on parait sérieux, mais c'est compter sans les protestations du *cure-dent*, du *passe-plat* et du *garde-fou.* Et ainsi du reste et en particulier du fameux *sèche-cheveu* sans *-x* dont certains étourdis se sont moqués trop vite...

2. Tout ce désordre n'est qu'apparent et obéit à une logique propre qui est celle de la vie du langage. En

1. Le *Petit Robert* propose aussi *entrejambes.*

effet, il nous arrive d'utiliser certaines formules si souvent qu'elles deviennent banales et s'usent. Quand, pour exprimer son admiration pour une voiture, on a dit, pour la première fois, qu'elle était « géniale », on a pu faire sensation, mais, au bout de cent fois, l'effet est émoussé : on a **oublié** le sens originel du mot. On pourrait en dire autant de *terrible*, de *formidable*, etc. Ce phénomène se produit constamment dans toutes les langues et il est inévitable parce que notre système nerveux est ainsi fait que, lorsque les sensations sont répétées, elles deviennent moins... sensationnelles. Or, ce phénomène d'usure apparait aussi dans le cas des mots composés. Vous voulez parler d'une quantité importante de choses et vous direz une « foule » de choses, une « masse » de choses, un « tas » de choses, et – pensez-y bien – tout simplement « beaucoup » de choses ; beaucoup, c'est-à-dire un beau coup. Mais il se peut bien que vous n'ayez jamais fait attention au sens originel de l'expression alors que, dans le cas de foule, masse et tas, il reste encore assez présent à la conscience. On pourrait en dire autant de *gendarme, vinaigre, chiendent, vaurien.*

En fait, tout mot composé est voué à ce parcours dès qu'il est lancé sur le marché du langage. Pour ceux comme *gendarme, vinaigre, chiendent, vaurien, pivert, alarme, lieutenant*, mais aussi *cependant* ou *maintenant*, tout est joué, mais, pour les autres tout est **en train** de se jouer, et ce jeu ne se déroule pas dans l'abstrait, mais dans la tête des usagers, vous et moi. Ainsi, en parlant d'un *essuie-mains*, certains seront sensibles – parfois – au fait que l'objet sert à s'essuyer *les* mains, mais d'autres n'y prêteront pas attention, en particulier si, par exemple, ils s'en servent pour essuyer la table, et ils seront portés à l'écrire *essuie-main.* Tout dépendra de celui qui parle (ou écrit) et des circonstances. Donc, pour ce type d'usage, toute attitude prescriptive est arbitraire et relève du caporalisme. C'est ce qu'ont bien compris les dictionnaires, qui, dans de nombreux cas, offrent plusieurs solutions : c'est le cas justement pour l'*essuie-main(s).*

Contre l'esprit de règlementation, ils se sont faits l'écho de la vie du langage, et le CSLF et l'Académie n'ont rien fait d'autre – à ceci près qu'ils offrent des possibilités plus étendues. En assouplissant le fonctionnement du pluriel et des traits d'union, ils permettent à ceux qui le souhaitent de faire accéder les mots composés à l'étape finale du parcours théorique, celle où ils fonctionnent absolument comme des mots simples, et, sans léser ceux qui préfèrent le maquis des usages actuels, ils donnent un point de repère fixe à ceux qui se sentent perdus.

Toto et l'APP

(voir II. 6, p. 164)

L'APP, c'est l'accord du participe passé. Le pont aux ânes de l'orthographe. Ses règles sont si compliquées que – sauf les enseignants, et encore – personne ne les connait ni ne les applique toutes.

L'AIROE souhaitait une vaste simplification. Le CSLF s'est montré bien plus timide et s'est contenté d'aménager l'APP du verbe *laisser* suivi d'un infinitif. Pratiquement rien.

Pour compenser notre frustration, examinons pourquoi nous avons raison de prendre des libertés avec ces règles. Nous n'envisagerons que celle qui concerne l'APP avec *avoir*, qui, rappelons-le, est censé s'accorder lorsque le complément d'objet direct est placé avant le participe (ex. : *la maison que j'ai construite ; la maison, je l'ai construite*).

TOTO : M'sieu ! Pourquoi fait-on l'accord seulement lorsque le complément d'objet est placé *avant* ?

LE MAÎTRE : C'est logique, parce que, lorsqu'on

commence la phrase par *la maison*, on voit que le mot est féminin, on sait donc avec quoi faire l'accord, tandis que si je dis d'abord *j'ai construit*, on ne sait pas encore ce que j'ai *construit* – donc, on ne peut pas faire l'accord.

TOTO : Oui, mais quand je dis : *la belle maison*, au moment où je dis *la* et *belle*, on ne sait pas encore de quoi il s'agit et pourtant je fais l'accord au féminin comme si on savait déjà.

LE MAÎTRE : Hum ! Eh bien, disons que c'est comme ça parce que c'est comme ça.

TOTO : M'sieu ! C'est pas tout...

LE MAÎTRE : Quoi encore ?

TOTO : Quand je dis *il a construit des maisons, des maisons*, c'est bien un complément d'objet direct ?

LE MAÎTRE : Bien sûr !

TOTO : Ben alors, il faudrait dire *des maisons, il en a construites beaucoup* ou *des pommes, il en a mises beaucoup dans son sac*, puisque le COD est placé avant. Vous dites comme ça, vous ?

LE MAÎTRE : Eh bien, euh...

TOTO : En somme, tout ça, ça n'est pas très logique.

LE MAÎTRE : Non, peut-être. Mais, écoute, Toto, l'usage, c'est l'usage...

TOTO : Oui, mais l'usage de qui ? J'entends des tas de gens qui ne font pas l'accord. Même le général de Gaulle, il ne le faisait pas. Alors ?

LE MAÎTRE : Eh bien, c'est l'usage ancien, une vieille tradition... Tu sais, Toto, il faut respecter les traditions...

TOTO : Ah bon ? Mais, au fait, quelle tradition ? Je

viens de lire (*N. B.* Toto lit beaucoup) qu'au Moyen Age on faisait l'APP dans tous les cas, même quand le COD était placé après. Et puis que, un peu plus tard, ça a changé : on dit qu'on trouve un usage qui ressemble à la règle moderne, mais que « les manquements à cette règle sont fréquents[1] ». Comme maintenant. Sauf que, maintenant, quand on ne fait pas l'accord, c'est une faute. Alors...

LE MAÎTRE : Alors, alors je te vois venir : pourquoi ne pas faire comme au bon vieux temps – c'est-à-dire admettre les deux usages ? Pourquoi ? Mais, Toto, c'est très simple, demande à Zazie : *(martelant chaque syllabe)* c'est pour faire suer les mômes !

Depuis ce jour, Toto jugea l'orthographe si torturante, si tortueuse et si tordue qu'il décida de la nommer tortographe.

Moralité : en attendant que l'Académie se montre un jour plus hardie, si les circonstances vous obligent à vous soumettre aux perversions de l'APP ou à les enseigner, sachez bien qu'on se moque de vous.

1. Voir Robert Martin et Marc Wilmet, *Manuel du français du Moyen Age*, sous la dir. d'Y. Lefebvre, t. II, p. 220 *sq.*, éd. Bière, 1980.

Exercice

Complétez les phrases suivantes en mettant au participe le verbe indiqué entre parenthèses[1].

1. Ils se sont .... du bruit (plaindre).
2. Elle s'est .... de venir (promettre).
3. Les malheurs se sont .... sur sa tête (succéder).
4. Elle s'est .... du traquenard (douter).
5. Ils se sont .... de leur erreur (apercevoir).
6. Elle s'était .... tous les pouvoirs (arroger).
7. Ils se sont .... (parler).
8. Ils se sont .... les mains (laver).
9. Elles se sont .... à nous taquiner (plaire).

1. Ces phrases sont tirées du livre de Nina Catach, *Les Délires de l'orthographe, op. cit.*, p. 136 et 287. Voir corrigé, p. 155.

10. Elle s'est .... la force (sentir).
11. Ils se sont .... remettre des formulaires (voir).
12. Nous ne nous sommes pas .... de leurs railleries (soucier).
13. Nous nous sommes .... d'elle (moquer).
14. Elles se sont .... de nous (rire).
15. La maison qu'elle a .... saccager (laisser).

Corrigé

1. plaints	6. arrogé	11. vu
2. promis	7. parlé	12. souciés
3. succédé	8. lavé	13. moqués
4. doutée	9. plu	14. ri
5. aperçus	10. senti	15. laissé

Palmarès

1er prix

Vous avez refusé de vous soumettre à cette épreuve humiliante et sans intérêt . Félicitations. Continuez.

2e prix

Vous avez 7 fautes ou plus.

Vous avez probablement fait les accords au hasard. Voilà une heureuse disposition. Vous êtes sympathique.

Avertissement

• Vous avez 6 fautes ou moins.

Méfiez-vous : vous vous laissez impressionner par l'apparence du sérieux. Prenez de l'assurance. Détendez-vous !

• Zéro faute : vous êtes pervers et peut-être difficile à vivre. Attention ! cela peut être grave si vous êtes fier de vous. Reposez-vous.

Pour terminer

Deux remarques :

• La première est une mise en garde : dans ce qui précède, un espace important a été accordé à ce qui était secondaire, voire marginal dans les recommandations du CSLF. La nature des faits à expliquer l'exigeait, mais cette disproportion ne doit pas aboutir à une illusion d'optique et faire oublier que, *dans la pratique*, l'essentiel de ces recommandations concerne moins d'une centaine de mots du français courant.

• La seconde remarque prend la forme d'une exclamation : « Alors, c'est tout ? ! » Voilà donc en quoi consiste cette fameuse réforme qui a causé tant d'émotion ! On avait parlé de massacre, et que découvrons-nous ? Des trésors de tolérance et de prudence, et quelques menus ajustements que, de toute façon, les neuf dixièmes des francophones n'avaient pas attendu l'Académie pour mettre en pratique ! C'est tout ? Certains le diront d'un ton de soulagement. Et d'un ton de regret on répondra : « Eh oui, c'est tout. »

Annexes

Extrait du rapport du Conseil supérieur de la langue française

(documents administratifs du *Journal officiel*, nº 100, 6 décembre 1990)

N. B. Le document original comporte quatre chapitres : dans le chapitre I est présentée une analyse théorique ; les chapitres II et III sont consacrés à l'exposé des recommandations ; le chapitre IV concerne les lexicographes et les créateurs de néologismes.

On ne trouvera ici que les chapitres II, III, IV. Ils sont donnés *in extenso*. Les points de suspension entre parenthèses se rapportent à des renvois au chapitre I devenus ici peu utiles.

II. - RÈGLES

1. **Trait d'union :** on lie par des traits d'union les numéraux formant un nombre complexe, inférieur ou supérieur à cent.

Exemples : elle a **vingt-quatre** ans, cet ouvrage date de l'année **quatre-vingt-neuf,** elle a **cent-deux** ans, cette maison a **deux-cents** ans, il lit les pages **cent-trente-deux** et **deux-cent-soixante-et-onze,** il possède **sept-cent-mille-trois-cent-vingt-et-un francs.**

2. **Singulier et pluriel des noms composés comportant un trait d'union :** les noms composés d'un verbe et d'un nom suivent la règle des mots simples, et prennent la marque du pluriel seulement quand ils sont au pluriel, cette marque est portée sur le second élément.

Exemples : un **pèse-lettre,** des **pèse-lettres,** un **cure-dent,** des **cure-dents,** un **perce-neige,** des **perce-neiges,** un **garde-meuble,** des **garde-meubles** (sans distinguer s'il s'agit d'homme ou de lieu), un **abat-jour,** des **abat-jours.**

Il en va de même des noms composés d'une préposition et d'un nom. Exemples : un **après-midi,** des **après-midis,** un **après-ski,** des **après-skis,** un **sans-abri,** des **sans-abris.**

Cependant, quand l'élément nominal prend une majuscule ou quand il est précédé d'un article singulier, il ne prend pas de marque de pluriel. Exemples : des **prie-Dieu,** des **trompe-l'œil,** des **trompe-la-mort.**

3. **Accent grave :** conformément aux régularités décrites plus haut

a) On accentue sur le modèle de **semer** les futurs et conditionnels des verbes du type **céder :** je **cèderai,** je **cèderais,** j'**allègerai,** j'**altèrerai,** je **considèrerai,** etc.

b) Dans les inversions interrogatives, la première personne du singulier en *e* suivie du pronom sujet **je** porte un accent grave : **aimè-je, puissè-je,** etc.

4. **Accent circonflexe :**

Si l'accent circonflexe placé sur les lettres *a, o,* et *e,* peut indiquer utilement des distinctions de timbre (**mâtin** et **matin ; côte** et **cote ; vôtre** et **votre ;** etc.), placé sur *i* et *u* il est d'une utilité nettement plus restreinte (**voûte** et **doute** par exemple ne se distinguent dans la prononciation que par la première consonne). Dans quelques terminaisons verbales (passé simple, etc.), il indique des distinctions morphologiques nécessaires. Sur les autres mots, il ne donne généralement aucune indication, excepté pour de rares distinctions de formes homographes.

En conséquence, on conserve l'accent circonflexe sur *a, e,* et *o,* mais sur *i* et sur *u* il n'est plus obligatoire, excepté dans les cas suivants :

a) Dans la conjugaison, où il marque une terminaison :

Au passé simple (première et deuxième personnes du pluriel) :

nous **suivîmes,** nous **voulûmes,** comme nous **aimâmes** ;
vous **suivîtes,** vous **voulûtes,** comme vous **aimâtes.**

A l'imparfait du subjonctif (troisième personne du singulier) :

qu'il **suivît,** qu'il **voulût,** comme qu'il **aimât.**

Au plus-que-parfait du subjonctif, aussi nommé parfois improprement conditionnel passé deuxième forme (troisième personne du singulier) :

qu'il **eût suivi,** il **eût voulu,** comme qu'il **eût aimé.**

Exemples :

Nous **voulûmes** qu'il **prît** la parole ;
Il **eût** préféré qu'on le **prévînt.**

b) Dans les mots où il apporte une distinction de sens utile : **dû, jeûne,** les adjectifs **mûr** et **sûr,** et le verbe **croître** (étant donné que sa conjugaison est en partie homographe de celle du verbe **croire**). L'exception ne concerne pas les dérivés et les composés de ces mots (*exemple :* **sûr,** mais **sureté ; croître,** mais **accroitre).** Comme c'était déjà le cas pour **dû,** les adjectifs **mûr** et **sûr** ne prennent un accent circonflexe qu'au masculin singulier.

Les personnes qui ont déjà la maîtrise de l'orthographe ancienne pourront, naturellement, ne pas suivre cette nouvelle norme.

Remarques :

– cette mesure entraîne la rectification de certaines anomalies étymologiques, en établissant des régularités. On écrit désormais **mu** (comme déjà **su, tu, vu, lu**), **plait** (comme déjà **tait, fait**), **piqure, surpiqure** (comme déjà **morsure**), **traine, traitre,** et leurs dérivés (comme déjà **gaine, haine, faine**), et **ambigument, assidument, congrument, continument, crument, dument, goulument, incongrument, indument, nument** (comme déjà **absolument, éperdument, ingénument, résolument**) ;

– sur ce point comme sur les autres, aucune modification n'est apportée aux noms propres. On garde le circonflexe aussi dans les adjectifs issus de ces noms (exemples : **Nîmes, nîmois.**)

5. **Verbes en** -eler **et** -eter :

L'emploi du *e* accent grave pour noter le son « *e* ouvert » dans les verbes en **eler** et en **eter** est étendu à tous les verbes de ce type.

On conjugue donc, sur le modèle de **peler** et d'**acheter** : elle **ruissèle**, elle **ruissèlera**, j'**époussète**, j'**étiquète**, il **époussètera**, il **étiquètera**.

On ne fait exception que pour **appeler** (et **rappeler**) et **jeter** (et les verbes de sa famille), dont les formes sont les mieux stabilisées dans l'usage.

Les noms en **-ement** dérivés de ces verbes suivront la même orthographe : **amoncèlement, bossèlement, chancèlement, cisèlement, cliquètement, craquèlement, craquètement, cuvèlement, dénivèlement, ensorcèlement, étincèlement, grommèlement, martèlement, morcèlement, musèlement, nivèlement, ruissèlement, volètement.**

6. **Participe passé :** le participe passé de **laisser** *suivi d'un infinitif* est rendu invariable : il joue en effet devant l'infinitif un rôle d'auxiliaire analogue à celui de **faire**, qui est toujours invariable dans ce cas (avec l'auxiliaire **avoir** comme en emploi pronominal).

Le participe passé de **laisser** suivi d'un infinitif est donc invariable dans tous les cas, même quand il est employé avec l'auxiliaire **avoir** et même quand l'objet est placé avant le verbe.

Exemples :

Elle **s'est laissé mourir** (comme déjà elle **s'est fait maigrir**) ;

Elle **s'est laissé séduire** (comme déjà elle **s'est fait féliciter**) ;

Je **les ai laissé partir** (comme déjà je **les ai fait partir**) ;

La maison qu'elle **a laissé saccager** (comme déjà la maison qu'elle **a fait repeindre**).

7. **Singulier et pluriel des mots empruntés :** les noms ou adjectifs d'origine étrangère ont un singulier et un pluriel réguliers : un **zakouski**, des **zakouskis** ; un **ravioli**, des **raviolis** ; un **graffiti**, des **graffitis** ; un **lazzi**, des **lazzis** ; un **confetti**, des **confettis** ; un **scénario**, des **scénarios** ; un **jazzman**, des **jazzmans**, etc. On choisit comme forme du singulier la forme la plus fréquente, même s'il s'agit d'un pluriel dans l'autre langue.

Ces mots forment régulièrement leur pluriel avec un *s* non prononcé (*exemples :* des **matchs**, des **lands**, des **lieds**, des **solos**, des **apparatchiks**). Il en est de même pour les noms d'origine latine (*exemples :* des **maximums**, des **médias**). Cette proposition ne s'applique pas aux mots ayant conservé valeur de citation (*exemple :* des **mea culpa**).

Cependant, comme il est normal en français, les mots terminés par *s, x* et *z* restent invariables (*exemples :* un **boss**, des **boss** ; un **kibboutz**, des **kibboutz** ; un **box**, des **box**).

Remarque : le pluriel de mots composés étrangers se trouve simplifié par la soudure (*exemples :* des **covergirls**, des **bluejeans**, des **ossobucos**, des **weekends**, des **hotdogs**).

NUMÉRO	ANCIENNE ORTHOGRAPHE	NOUVELLE ORTHOGRAPHE
1	vingt-trois, cent trois.	**vingt-trois, cent-trois.**
2	un cure-dents. des cure-ongle. un cache-flamme(s). des cache-flamme(s).	**un cure-dent. des cure-ongles. un cache-flamme. des cache-flammes.**
3 *a*	je céderai, j'allégerais.	**je cèderai, j'allègerais.**
3 *b*	puissé-je, aimé-je.	**puissè-je, aimè-je.**
4	il plaît, il se tait. la route, la voûte.	**il plait, il se tait. la route, la voute.**
5	il ruisselle, amoncèle.	**il ruissèle, amoncèle.**
6	elle s'est laissée aller. elle s'est laissé appeler.	**elle s'est laissé aller. elle s'est laissé appeler.**
7	des jazzmen, des lieder.	**des jazzmans, des lieds.**

III. - GRAPHIES PARTICULIÈRES FIXÉES OU MODIFIÉES

Ces listes, restreintes, sont limitatives.

Il s'agit en général de mots dont la graphie est irrégulière ou variable ; on la rectifie, ou bien l'on retient la variante qui permet de créer les plus larges régularités. Certains de ces mots sont déjà donnés par un ou plusieurs dictionnaires usuels avec la graphie indiquée ici : dans ce cas, c'est une harmonisation des dictionnaires qui est proposée.

1. **Mots composés :** on écrit soudés les noms de la liste suivante, composés sur la base d'un élément verbal généralement suivi d'une forme nominale ou de « tout ».

Les mots de cette liste, ainsi que ceux de la liste B ci-après (éléments nominaux et divers), sont en général des mots anciens dont les composants ne correspondent plus au lexique ou à la syntaxe actuels (**chaussetrappe**) ; y figurent aussi des radicaux onomatopéiques ou de formation expressive (**piquenique, passepasse**), des mots comportant des dérivés (**tirebouchonner**), certains mots dont le pluriel était difficile (un

brisetout, dont le pluriel devient des **brisetouts,** comme un **faitout,** des **faitouts,** déjà usité), et quelques composés sur **porte-,** dont la série compte plusieurs soudures déjà en usage (**portefaix, portefeuille,** etc.). Il était exclu de modifier d'un coup plusieurs milliers de mots composés, l'usage pourra le faire progressivement.

Liste A

arrachepied (d').
boutentrain.
brisetout.
chaussetrappe.
clochepied (à).
coupecoupe.
couvrepied.
crochepied.
croquemadame.
croquemitaine.
croquemonsieur.
croquemort.
croquenote.
faitout.
fourretout.
mangetout.
mêletout.
passepartout.
passepasse.
piquenique.
porteclé.
portecrayon.
portemine.
portemonnaie.
portevoix.
poucepied.
poussepousse.
risquetout.
tapecul.
tirebouchon.
tirebouchonner.
tirefond.
tournedos.
vanupied.

2. **Mots composés :** on écrit soudés également les noms de la liste suivante, composés d'éléments nominaux et adjectivaux.

Liste B

arcboutant.
autostop.
autostoppeur, euse.
bassecontre.
bassecontriste.
bassecour.
bassecourier.
basselisse.
basselissier.
bassetaille.
branlebas.
chauvesouris.
chèvrepied.
cinéroman.
hautecontre.
hautelisse.
hautparleur.
jeanfoutre.
lieudit.
millefeuille.
millepatte.
millepertuis.
platebande.
potpourri.
prudhomme.
quotepart.
sagefemme.
saufconduit.
téléfilm.
terreplein.
vélopousse.
véloski.
vélotaxi.

3. **Onomatopées** : on écrit soudés les onomatopées et mots expressifs (de formations diverses) de la liste suivante

Liste C

blabla.	pingpong.
bouiboui.	prêchiprêcha.
coincoin.	tamtam.
froufrou.	tohubohu.
grigri.	traintrain.
kifkif.	troutrou.
mélimélo.	tsétsé.
pêlemêle.	

4. **Tréma** : dans les mots suivants, on place le tréma sur la voyelle qui doit être prononcée : **aigüe** (et dérivés, comme **suraigüe**, etc.), **ambigüe, exigüe, contigüe, ambigüité, exigüité, contigüité, cigüe.** Ces mots appliquent ainsi la règle générale : le tréma indique qu'une lettre (*u*) doit être prononcée (comme voyelle ou comme semi-voyelle) séparément de la lettre précédente (*g*).

5. **Tréma** : le même usage du tréma s'applique aux mots suivants où une suite **-gu-** ou **-geu-** conduit à des prononciations défectueuses (il **argue** prononcé comme il **nargue**). On écrit donc : il **argüe** (et toute la conjugaison du verbe **argüer**) ; **gageüre, mangeüre, rongeüre, vergeüre.**

6. **Accents** : on munit d'un accent les mots de la liste suivante où il avait été omis, ou dont la prononciation a changé.

Liste D

asséner.	recépée.
bélitre.	recéper.
bésicles.	réclusionnaire.
démiurge.	réfréner.
gélinotte.	sèneçon.
québécois.	sénescence.
recéler.	sénestre.
recépage.	

7. **Accents** : l'accent est modifié sur les mots de la liste suivante qui avaient échappé à la régularisation entreprise par l'Académie française aux XVIIIe et XIXe siècles, et qui se conforment ainsi à la règle générale d'accentuation.

Liste E

abrègement.
affèterie.
allègement.
allègrement.
assèchement.
cèleri.
complètement (nom).
crèmerie.
crèteler.
crènelage.
crèneler.
crènelure.
empiètement.
évènement.
fèverole.
hébètement.
règlementaire.
règlementairement.
règlementation.
règlementer.
sècheresse.
sècherie.
sènevé.
vènerie.

8. **Mots composés empruntés** : on écrit soudés les mots de la liste suivante, composés d'origine latine ou étrangère, bien implantés dans l'usage et qui n'ont pas valeur de citation.

Liste F

Mots d'origine latine
(employés comme noms - exemple : un **apriori**)

apriori.
exlibris.
exvoto.
statuquo.
vadémécum.

Mots d'origine étrangère

baseball.
basketball.
blackout.
bluejean.
chichekébab.
chowchow.
covergirl.
cowboy.
fairplay.
globetrotteur.
handball.
harakiri.
hotdog.
lockout.
majong.
motocross.
ossobuco.
pipeline.
sidecar.
striptease.
volleyball.
weekend.

9. **Accentuation des mots empruntés** : on munit d'accents les mots de la liste suivante, empruntés à la langue latine ou à d'autres langues, lorsqu'ils n'ont pas valeur de citation.

Liste G

Mots d'origine latine

artéfact.
critérium.
déléatur.
délirium trémens.
désidérata.
duodénum.
exéat.
exéquatur.
facsimilé.
jéjunum.
linoléum.
média.
mémento.
mémorandum.
placébo.
proscénium.
référendum.
satisfécit.
sénior.
sérapéum.
spéculum.
tépidarium.
vadémécum.
vélarium.
vélum.
véto.

Mots empruntés à d'autres langues

allégretto.
allégro.
braséro.
candéla.
chébec.
chéchia.
cicérone.
condottière.
décrescendo.
diésel.
édelweiss.
imprésario.
kakémono.
méhalla.
pédigrée.
pérestroïka.
péséta.
péso.
piéta.
révolver.
séquoia.
sombréro.
téocalli.
trémolo.
zarzuéla.

10. **Anomalies** : des rectifications proposées par l'Académie (en 1975) sont reprises, et sont complétées par quelques rectifications de même type.

Liste H

absout, absoute (participe, au lieu de *absous, absoute*).
appâts (au lieu de *appas*).
assoir, rassoir, sursoir (au lieu de *asseoir,* etc.) *(a).*
bizut (au lieu de *bizuth*) *(b).*
bonhommie (au lieu de *bonhomie*).
boursoufflement (au lieu de *boursouflement*).
boursouffler (au lieu de *boursoufler*).
boursoufflure (au lieu de *oursouflure*).
cahutte (au lieu de *cahute*).
charriot (au lieu de *chariot*).
chaussetrappe (au lieu de *chausse-trape*).

combattif (au lieu de *combatif*).
combattivité (au lieu de *combativité*).
cuisseau (au lieu de *cuissot*).
déciller (au lieu de *dessiller*) *(c)*.
dissout, dissoute (au lieu de *dissous, dissoute*).
douçâtre (au lieu de *douceâtre*) *(d)*.
embattre (au lieu de *embatre*).
exéma (au lieu de *eczéma*) et ses dérivés *(e)*.
guilde (au lieu de *ghilde*, graphie d'origine étrangère).
homéo- (au lieu de *homoeo-*).
imbécilité (au lieu de *imbécillité*).
innommé (au lieu de *innomé*).
levreau (au lieu de *levraut*).
nénufar (au lieu de *nénuphar*) *(f)*.
ognon (au lieu de *oignon*).
pagaille (au lieu de *pagaïe, pagaye*) *(g)*.
persifflage (au lieu de *persiflage*).
persiffler (au lieu de *persifler*).
persiffleur (au lieu de *persifleur*).
ponch (boisson, au lieu de *punch*) *(h)*.
prudhommal (avec soudure) (au lieu de *prud'homal*).
prudhommie (avec soudure) (au lieu de *prud'homie*).
relai (au lieu de *relais*) *(i)*.
saccarine (au lieu de *saccharine*) et ses nombreux dérivés.
sconse (au lieu de *skunks*) *(j)*.
sorgo (au lieu de *sorgho*, graphie d'origine étrangère).
sottie (au lieu de *sotie*).
tocade (au lieu de *toquade*).
ventail (au lieu de *vantail*) *(k)*.

Notes :

(a) Le *e* ne se prononce plus. L'Académie française écrit déjà j'**assois** (à côté de j'**assieds**), j'**assoirai**, etc. (mais je **surseoirai**). **Assoir** s'écrit désormais comme **voir** (ancien français **veoir**), **choir** (ancien français **cheoir**), etc.

(b) A cause de **bizuter, bizutage.**

(c) A rapprocher de **cil.** Rectification d'une ancienne erreur d'étymologie.

(d) **Cea** est une ancienne graphie rendue inutile par l'emploi de la cédille.

(e) La suite **cz** est exceptionnelle en français. **Exéma** comme **examen.**

(f) Mot d'origine arabo-persane. L'Académie a toujours écrit **nénufar,** sauf dans la huitième édition (1932-1935).

(g) Des trois graphies de ce mot, celle-ci est la plus conforme aux règles et la moins ambiguë.

(h) Cette graphie évite l'homographie avec **punch** (coup de poing) et l'hésitation sur la prononciation.

(i) Comparer **relai-relayer,** avec **balai-balayer, essai-essayer,** etc.

(j) Des sept graphies qu'on trouve actuellement, celle-ci est la plus conforme aux règles et la moins ambiguë.

(k) A rapprocher de **vent** ; rectification d'une ancienne erreur d'étymologie.

11. **Anomalies :** on écrit en **-iller** les noms suivants anciennement en **-illier**, où le *i* qui suit la consonne ne s'entend pas (comme **poulailler, volailler) joailler, marguiller, ouillère, quincailler, serpillère.**

12. **Anomalies :** on écrit avec un seul *l* (comme **bestiole, camisole, profiterole,** etc.) les noms suivants : **barcarole, corole, fumerole, girole, grole, guibole, mariole,** et les mots moins fréquents : **bouterole, lignerole, muserole, rousserole, tavaïole, trole.** Cette terminaison se trouve ainsi régularisée, à l'exception de **folle, molle,** de **colle** et de ses composés.

13. **Anomalies :** le *e* muet n'est pas suivi d'une consonne double dans les mots suivants, qui rentrent ainsi dans les alternances régulières (*exemples :* **lunette, lunetier,** comme **noisette, noisetier ; prunelle, prunelier** comme **chamelle, chamelier,** etc.) : **interpeler** (au lieu de *interpeller*) ; **dentelière** (au lieu de *dentellière*) ; **lunetier** (au lieu de *lunettier*) ; **prunelier** (au lieu de *prunellier*).

Liste des graphies rectifiées

abrègement.
absout.
affèterie.
aigüe.
allègement.
allègrement.
allégretto.
allégro.
ambigüe.
ambigüité.
appâts.
apriori
arcboutant
argüer.
arrachepied (d').
artéfact.
assèchement.
asséner.
assoir.
autostop.
autostoppeur, euse.
barcarole.
baseball.
basketball.
bassecontre.
bassecontriste.
bassecour.
bassecourier.
basselisse.
basselissier.
bassetaille.
bélitre.
bésicles.
bizut.
blabla.
blackout.
bluejean.
bonhommie.
bouiboui.
boursoufflement.
boursouffler.
boursoufflure.
boutentrain.
bouterole.
branlebas.
braséro.
brisetout.
cahutte.
candéla.
cèleri.
charriot.
chaussetrappe.

chauvesouris.
chébec.
chéchia.
chèvrepied.
chichekébab.
chowchow.
cicérone.
cigüe.
cinéroman.
clochepied (à).
coincoin.
combattif.
combattivité.
complètement.
condottière.
contigüe.
contigüité.
corole.
coupecoupe.
couvrepied.
covergirl.
cowboy.
crèmerie.
crènelage.
crèneler.
crènelure.
crèteler.
critérium.
crochepied.
croquemadame.
croquemitaine.
croquemonsieur.
croquemort.
croquenote.
cuisseau.
déciller.
décrescendo.
déléatur.
délirium trémens.
démiurge.
dentelière.
désidérata.
diésel.
dissout.
douçâtre.
duodénum.
édelweiss.
embattre.
empiètement.
évènement.
exéat.
exéma.
exéquatur.
exigüe.
exigüité.
exlibris.
exvoto.
facsimilé.
fairplay.
faitout.
fèverole.
fourretout.
froufrou.
fumerole.
gageüre.
gélinotte.
girole.
globetrotteur.
grigri.
grole.
guibole.
guilde.
handball.
harakiri.
hautecontre.
hautelisse.
hautparleur.
hébètement.
homéo-.
hotdog.
imbécilité.
imprésario.
innommé.
interpeler.
jeanfoutre.
jéjunum.
joailler.
kakémono.
kifkif.
levreau.
lieudit.
lignerole.
linoléum.
lockout.
lunetier.
majong.
mangetout.
mangeüre.

marguiller.
mariole.
média.
méhalla.
mêletout.
mélimélo.
mémento.
mémorandum.
millefeuille.
millepatte.
millepertuis.
motocross.
muserole.
nénufar.
ognon.
ossobuco.
ouillère.
pagaille.
passepartout.
passepasse.
pédigrée.
pêlemêle.
pérestroïka.
persifflage.
persiffler.
persiffleur.
péséta.
péso.
piéta.
pingpong.
pipeline.
piquenique.
placébo.
platebande.
ponch.
porteclé.
portecrayon.
portemine.
portemonnaie.
portevoix.
potpourri.
poucepied.
poussepousse.
prêchiprêcha.
proscénium.
prudhommal.
prudhomme.
prudhommie.
prunelier.
québécois.
quincailler.
quotepart.
rassoir.
recéler.
recépage.
récépée.
recéper.
réclusionnaire.
référendum.
réfréner.
règlementaire.
règlementairement.
règlementation.
règlementer.
relai.
révolver.
risquetout.
rongeüre.
rousserole.
saccarine.
sagefemme.
satisfécit.
saufconduit.
sconse.
sècheresse.
sècherie.
sèneçon.
sénescence.
sénestre.
sènevé.
sénior.
séquoia.
sérapéum.
serpillère.
sidecar.
sombréro.
sorgo.
sottie.
spéculum.
statuquo.
striptease.
suraigüe.
sursoir.
tamtam.
tapecul.
tavaïole.
téléfilm.
téocalli.

tépidarium.
terreplein.
tirebouchon.
tirebouchonner.
tirefond.
tocade.
tohubohu.
tournedos.
traintrain.
trémolo.
trole.
troutrou.
tsétsé.
vadémécum.
vanupied.
vélarium.
vélopousse.
véloski.
vélotaxi.
vélum.
vènerie.
ventail.
vergeüre.
véto.
volleyball.
weekend.
zarzuéla.

IV. – RECOMMANDATIONS AUX LEXICOGRAPHES ET CRÉATEURS DE NÉOLOGISMES

Les recommandations qui suivent ont pour but d'orienter l'activité des lexicographes et créateurs de néologismes de façon à améliorer l'harmonie et la cohérence de leurs travaux. **Elles ne sont pas destinées dans un premier temps à l'utilisateur, particulier ou professionnel, ni à l'enseignement.**

1. **Trait d'union :** le trait d'union pourra être utilisé notamment lorsque le nom composé est employé métaphoriquement : **barbe-de-capucin, langue-de-bœuf** (en botanique), **bonnet-d'évêque** (en cuisine et en architecture) ; mais on écrira **taille de guêpe** (il n'y a métaphore que sur le second terme), **langue de terre** (il n'y a métaphore que sur le premier terme), **langue de bœuf** (en cuisine, sans métaphore).

2. **Mots composés :** quant à l'agglutination, on poursuivra l'action de l'Académie française, en recourant à la soudure dans les cas où le mot est bien ancré dans l'usage et senti comme une seule unité lexicale. Cependant, on évitera les soudures mettant en présence deux lettres qui risqueraient de susciter des prononciations défectueuses ou des difficultés de lecture (1).

L'extension de la soudure pourra concerner les cas suivants :

a) Des noms composés sur la base d'un élément verbal suivi d'une forme nominale ou de *tout* (voir plus haut, liste A, les exemples dès maintenant proposés à l'usage général).

b) Des mots composés d'une particule invariable suivie d'un nom, d'un adjectif ou d'un verbe ; la tendance existante à la soudure sera généralisée avec les particules *contre, entre* quand elles sont utilisées comme préfixes, sur le modèle de *en, sur, supra,* et de la plupart des autres particules, qui sont déjà presque toujours soudées. L'usage de l'apostrophe sera également supprimé par la soudure.

Exemples : **contrechant** (comme **contrechamp**), **à contrecourant** (comme **à contresens**), **contrecourbe** (comme **contrechâssis**), **contrefeu** (comme **contrefaçon**), **contrespionnage** (comme **contrescarpe**), **contrappel** (comme **contrordre**), **entraide** (comme **entracte**), **entreligne** (comme **entrecôte**), **s'entrenuire** (comme **s'entrechoquer**), **s'entredévorer** (comme **s'entremanger**), etc.

c) Des mots composés au moyen des préfixes latins : *extra, intra, ultra, infra.*

Exemples : **extraconjugal** (comme **extraordinaire**), **ultrafiltration, infrasonore**, etc.

d) Des noms composés d'éléments nominaux et adjectivaux, devenus peu analysables aujourd'hui. Voir plus haut liste B, les exemples dès maintenant proposés à l'usage général.

e) Des mots composés à partir d'onomatopées ou similaires, sur le modèle de la liste C (voir plus haut).

f) Des noms composés d'origine latine ou étrangère, bien implantés dans l'usage, employés sans valeur de citation. Voir plus haut liste F, les exemples dès maintenant proposés à l'usage général.

g) Les nombreux composés sur éléments « savants » (en particulier en o). On écrira donc par exemple : **aéroclub, agroalimentaire, ampèreheure, audiovisuel, autovaccin, cardiovasculaire, cinéclub, macroéconomie, minichaine, monoatomique, néogothique, pneumohémorragie, psychomoteur, radioactif, rhinopharyngite, téléimprimeur, vidéocassette**, etc.

Remarque : le trait d'union est justifié quand la composition est libre, et sert précisément à marquer une relation de coordination entre deux termes (noms propres ou géographiques) : les relations **italo-françaises** (ou **franco-italiennes**), les contentieux **anglo-danois**, les mythes **gréco-romains**, la culture **finno-ougrienne**, etc.

3. **Accentuation des mots empruntés** : on mettra un accent sur des mots empruntés au latin ou à d'autres langues intégrés au français (*exemples :* **artéfact, braséro**), sauf s'ils gardent un caractère de citation (*exemple :* un **requiem**). Voir plus haut, liste G, les exemples dès maintenant proposés à l'usage général. Certains de ces mots sont déjà accentués dans des dictionnaires.

4. **Accentuation des mots empruntés et des néologismes :** on n'utilisera plus l'accent circonflexe dans la transcription d'emprunts, ni dans la création de mots nouveaux (sauf dans les composés issus de mots qui conservent l'accent). On peut par exemple imaginer un **repose-flute,** mais un **allume-dôme,** un **protège-âme.**

5. **Singulier et pluriel des noms empruntés :** on fixera le singulier et le pluriel des mots empruntés conformément à la règle 7 ci-dessus.

6. **Anomalies :** on mettra fin aux hésitations concernant la terminaison -otter ou -oter, en écrivant en **-otter** les verbes formés sur une base en **-otte** (comme **botter** sur **botte**) et en **-oter** les verbes formés sur une base en **-ot** (comme **garroter** sur **garrot, greloter** sur **grelot**) ou ceux qui comportent le suffixe verbal **-oter** (*exemples :* **baisoter, frisoter, cachoter, dansoter, mangeoter,** comme **clignoter, crachoter, toussoter,** etc.). Dans les cas où l'hésitation est possible, on ne modifiera pas la graphie (*exemples :* **calotter** sur **calotte** ou sur **calot, flotter** sur **flotte** ou sur **flot**, etc.), mais, en cas de diversité dans l'usage, on fixera la graphie sous la forme **-oter.**

Les dérivés suivront le verbe (*exemples :* **cachotier, grelotement, frisotis,** etc.).

7. **Emprunts :** on francisera dans toute la mesure du possible les mots empruntés en les adaptant à l'alphabet et à la graphie du français. Cela conduit à éviter les signes étrangers (diacritiques ou non) n'appartenant pas à notre alphabet (par exemple, *đ*), qui subsisteront dans les noms propres seulement. D'autre part, des combinaisons inutiles en français seront supprimées : **volapük** deviendra **volapuk, muesli** deviendra **musli** (déjà usité), **nirvâna** s'écrira **nirvana,** le *ö* pourra, selon la prononciation en français, être remplacé par *o* (**maelström** deviendra **maelstrom,** déjà usité) ou *oe* (**angström** deviendra **angstroem,** déjà usité, **röstis** deviendra **roestis,** déjà usité). Bien que les emplois de *gl* italien et *ñ, ll* espagnols soient déjà familiers, on acceptera des graphies comme **taliatelle** (tagliatelle), **paélia** (paella), **lianos** (llanos), **canyon** qui évitent une lecture défectueuse.

8. **Emprunts :** dans les cas où existent plusieurs graphies d'un mot emprunté, on choisira celle qui est la plus proche du français (*exemples :* des **litchis,** un enfant **ouzbek,** un **bogie,** un **canyon,** du **musli,** du **kvas, cascher,** etc.).

9. **Emprunts :** le suffixe nominal **-er** des anglicismes se prononce tantôt comme dans **mer** (*exemples :* **docker, révolver, starter**) et plus souvent comme dans notre suffixe **-eur** (*exemples :* **leader, speaker**) ; parfois deux prononciations coexistent (*exemples :* **cutter, pull-over, scooter**). Lorsque la prononciation du **-er** (final) est celle de **-eur,** on préférera ce suffixe (*exemple :* **debatter** devient **débatteur**). La finale en **-eur** sera de règle lorsqu'il existe un verbe de même forme à côté du nom (*exemples :* **squatteur,** verbe **squatter ; kidnappeur,** verbe **kidnapper,** etc.).

10. **Néologie :** dans l'écriture de mots nouveaux dérivés de noms en **-an,** le *n* simple sera préféré dans tous les cas ; dans l'écriture de mots nouveaux dérivés de noms en **-on,** le *n* simple sera préféré avec les terminaisons suffixales commen-

çant par *i*, *o* et *a*. On écrira donc, par exemple : **-onite, -onologie, -onaire, -onalisme,** etc.

Remarque générale. - Il est recommandé aux lexicographes, au-delà des rectifications présentées dans ce rapport et sur leur modèle, de privilégier, en cas de concurrence entre plusieurs formes dans l'usage, la forme la plus simple : forme sans circonflexe, forme agglutinée, forme en *n* simple, graphie francisée, pluriel régulier, etc.

(1) Il y a risque de prononciation défectueuse quand deux lettres successives peuvent être lues comme une seule unité graphique, comme les lettres *o* et *i*, *a* et *i*, *o* et *u*, *a* et *u*. Exemples : **génito-urinaire, extra-utérin.** Pour résoudre la difficulté, la terminologie scientifique préfère parfois le tréma au trait d'union (**radioïsotope,** sur le modèle de **coïncidence**). Toutefois l'Académie a estimé qu'on pouvait conserver le trait d'union en cas de contact entre deux voyelles (**contre-attaque,** ou **contrattaque** avec élision comme dans **contrordre**). De même elle a jugé utile le recours éventuel au trait d'union dans les mots formés de plus de deux composants, fréquents dans le vocabulaire scientifique. Par ailleurs, on rappelle que le *s* placé entre deux voyelles du fait de la composition se prononce sourd : **pilosébacé, sacrosaint.**

ACADÉMIE FRANÇAISE
QUAI DE CONTI, VIe

L'Académie française rappelle que le Document officiel, souvent improprement appelé "réforme", document qu'elle a, après examen de sa Commission du Dictionnaire, approuvé à l'unanimité dans sa séance du 3 mai 1990, ne contient aucune disposition de caractère obligatoire. L'orthographe actuelle reste d'usage, et les "recommandations" du Conseil supérieur de la langue française ne portent que sur des mots qui pourront être écrits de manière différente sans constituer des incorrections ni être jugés comme des fautes.

Elle estime qu'il y a avantage à ce que lesdites recommandations ne soient pas mises en application par voie impérative et notamment par circulaire ministérielle.

Selon une procédure qu'elle a souvent mise en oeuvre, elle souhaite que ces simplifications ou unifications soient soumises à l'épreuve du temps, et elle se propose de juger, après une période d'observation, des graphies et emplois que l'usage aura retenus Elle se réserve de confirmer ou infirmer alors les recommandations proposées.

Elle charge son Secrétaire perpétuel de donner à la presse et aux médias en général tous les compléments d'information qui pourraient être nécessaires.

Texte adopté par 23 voix contre 6
dans la séance du jeudi 17 janvier 1991.

Le Secrétaire perpétuel

Bibliographie

CATACH, Nina, *L'Orthographe*, Paris, PUF, coll. « Que sais-je ? », 1978.

– *Les Délires de l'orthographe*, Paris, Plon, 1989.

– *L'Orthographe en débat*, Paris, Fernand Nathan, 1991, sous presse. (*N. B.* Ce livre comprend les listes alphabétiques et analytiques des mots touchés par les rectifications de 1990.)

CHERVEL, André, MANESSE Danièle, *La Dictée*, Paris, Calmann-Lévy-INRP, 1989.

GOOSSE, André, *La « Nouvelle » Réforme de l'orthographe*, Paris-Louvain, Duculot, 1991.

LECONTE, Jacques, CIBOIS, Philippe, *Que vive l'orthographe !*, Paris, Éd. du Seuil, 1989 (préface de Michel Masson ; postface de Jean-Claude Barbarant).

MARTINET, André, *Le Français sans fard,* Paris, PUF, 1969.

MILLET, Agnès, LUCCI, Vincent, BILLIEZ, Jacqueline, *Orthographe, mon amour*, Grenoble, Presses universitaires de Grenoble, 1990.

SYNDICAT DES CORRECTEURS, *Trait d'union, Anomalies, etc.*, Paris, Éd. Climats, 1991.

La revue *Mots* consacre son numéro 28 (septembre 1991) à la réforme de l'orthographe.

Index

Table

II. Objections

III. Ça marche

IV. Les recommandations du CSLF et de l'Académie

Annexes

RÉALISATION : ATELIER PAO ÉDITIONS DU SEUIL.
IMPRESSION : AUBIN IMPRIMEUR À LIGUGÉ (86240).
DÉPÔT LÉGAL : JUIN 1991. N° 13394 (L 37677).

Collection Points

SÉRIE ACTUELS

DERNIERS TITRES PARUS

A50. Au coin de la rue, l'aventure
par Pascal Bruckner et Alain Finkielkraut
A51. John Reed, *par Robert Rosenstone*
A52. Le Tabouret de Piotr, *par Jean Kéhayan*
A53. Le temps qui tue, le temps qui guérit
par le Dr Fernand Attali
A54. La Lumière médicale, *par Norbert Bensaïd*
A55. Californie (Le Nouvel Age)
par Sylvie Crossman et Édouard Fenwick
A56. La Politique du mâle, *par Kate Millett*
A57. Contraception, Grossesse, IVG
par Pierrette Bello, Catherine Dolto et Aline Schiffmann
A58. Marthe, *anonyme*
A59. Pour un nouveau-né sans risque, *par Alexandre Minkowski*
A60. La vie tu parles, *par Libération*
A61. Les Bons Vins et les Autres, *par Pierre-Marie Doutrelant*
A62. Comment peut-on être breton ?, *par Morvan Lebesque*
A63. Les Français, *par Theodore Zeldin*
A64. La Naissance d'une famille, *par T. Berry Brazelton*
A65. Hospitalité française, *par Tahar Ben Jelloun*
A66. L'Enfant à tout prix
par Geneviève Delaisi de Parseval et Alain Janaud
A67. La Rouge Différence, *par F. Edmonde Morin*
A68. Regard sur les Françaises, *par Michèle Sarde*
A69. A hurler le soir au fond des collèges, *par Claude Duneton avec la collaboration de Frédéric Pagès*
A70. L'Avenir en face, *par Alain Minc*
A71. Je t'aime d'amitié, *par la revue « Autrement »*
A72. Couples, *par la revue « Autrement »*
A73. Le Sanglot de l'homme blanc, *par Pascal Bruckner*
A74. BCBG, le guide du bon chic bon genre
par Thierry Mantoux
A75. Ils partiront dans l'ivresse, *par Lucie Aubrac*
A76. Tant qu'il y aura des profs
par Hervé Hamon et Patrick Rotman
A77. Femmes à 50 ans, *par Michèle Thiriet et Suzanne Képès*
A78. Sky my Husband ! Ciel mon mari !
par Jean-Loup Chifflet

A79. Tous ensemble, *par François de Closets*
A80. Les Instits. Enquête sur l'école primaire
par Nicole Gauthier, Catherine Guiguon et Maurice A. Guillot
A81. Objectif bébé. Une nouvelle science, la bébologie
par la revue « Autrement »
A82. Nous l'avons tant aimée, la révolution
par Dany Cohn-Bendit
A83. Enfances, *par Françoise Dolto*
A84. Orient extrême, *par Robert Guillain*
A85. Aventurières en crinoline, *par Christel Mouchard*
A86. A la soupe !, *par Plantu*
A87. Kilos de plume, kilos de plomb
par Jean-Louis Yaïch et Dr Gérard Apfeldorfer
A88. Grands Reportages, *collectif*
A89. François Mitterrand ou la tentation de l'histoire
par Franz-Olivier Giesbert
A90. Génération 1. Les Années de rêve
par Hervé Hamon et Patrick Rotman
A91. Génération 2. Les Années de poudre
par Hervé Hamon et Patrick Rotman
A92. Rumeurs, *par Jean-Noël Kapferer*
A93. Éloge des pédagogues, *par Antoine Prost*
A94. Heureux Habitants de l'Aveyron, *par Philippe Meyer*
A95. Milena, *par Margarete Buber-Neumann*
A96. Plutôt russe que mort !, *par Cabu et Claude-Marie Vadrot*
A97. Une saison chez Lacan, *par Pierre Rey*
A98. Le niveau monte, *par Christian Baudelot et Roger Establet*
A99. Les Banlieues de l'Islam, *par Gilles Kepel*
A100. Madame le Proviseur, *par Marguerite Genzbittel*
A101. Naître coupable, naître victime, *par Peter Sichrovsky*
A102. Fractures d'une vie, *par Charlie Bauer*
A103. Ça n'est pas pour me vanter..., *par Philippe Meyer*
A104. Enquête sur l'auteur, *par Jean Lacouture*
A105. Sky my wife ! Ciel ma femme !, *par Jean-Loup Chiflet*
A106. La Drogue dans le monde
par Christian Bachmann et Anne Coppel
A107. La Victoire des vaincus, *par Jean Ziegler*
A108. Vivent les bébés !, *par Dominique Simonnet*
A109. Nous vivons une époque moderne, *par Philippe Meyer*
A110. L'orthographe : guide pratique de la réforme,
par Michel Masson
A111. Le Président, *par Franz-Olivier Giesbert*
A112. L'Innocence perdue, *par Neil Sheehan*
A113. Tu vois, je n'ai pas oublié
par Hervé Hamon et Patrick Rotman